CHANGING

改變世界的味道

十八篇與當代廚界先行者的訪談錄

謝嫣薇 著

序一

Agnes 的《改變世界的味道》，是一本雅正姣好、馥郁芬芳的廚藝訪談錄，讓讀者從文字中感受各國美食的精妙細膩，體會當代世界名廚的匠心獨運。飲食之道，往往知其然而不知其所以然，這本書正是廚師和食客的溝通橋樑！她多年來遊走各地品嚐美食，透過書中娓娓道來有深度的名廚烹調哲學與故事，必能得到有益啟發，擴闊飲食視野，享受人生樂趣！

林建岳

序二

Je prends le temps de regarder chaque photo et de me souvenir de chaque moment... tu es la seule à construire une mémoire aussi puissante!
J'aime ta sensibilité et ton émotion!
Félicitations Chère Agnès

（我花了時間去看每一張照片，並記取每一個時刻……
妳是唯一一個擁有如此強大記憶力的人！
我愛妳那敏感度，以及情感！
恭喜妳，親愛的 Agnes！）

Alain Passard

序三

Agnes' book reflects her great knowledge of – and even greater love for – food with such a discerning sense of what cooking stands for today. Because this is what this book is all about: mapping the various roads followed by pioneers and conjuring up the key challenges cooking is confronted to. And undoubtedly the most important: making this journey through cuisine as appetizing as enlightening.

Alain Ducasse

序四

I never had a dream to become a chef. I was not cooking with my mom or baking with my grandmom. None of my school friends ever expressed a desire to become a chef.

I grew up in a society and generation in which cooking belongs to home kitchens. Dining out or fine dining was only a remote scene in a movie. Yet today I am a cook. They call me a rock star but not a lot of people know that I had to fight with my parents and with my whole family for the right to choose my profession.

Cooking is an art which requires uniqueness and talent. We all know how to cook, but not a lot of chefs have the courage to be different and only themselves.

Thank you, Agnes, for telling my cooking story to the readers through her powerful writing! I hope what we do will inspire you to live with passion in life!

Ana Roš

序五

看謝嫣薇的文章給人一種幸福滿溢的感覺，因為書在手，不用買機票，不用訂枱點菜，便能跟 Agnes 一起走遍世界，跟各地的星級大廚品嚐美酒佳餚，探討飲食之道，對他們做菜的心得和理念及成為名廚的心路歷程加深認識，對我等「饞友」來說是天大喜訊。

葉澍堃

序六

嫣薇是我的好朋友，因為共同的熱愛。

她對食物和餐廳的理解入木三分，敏銳並深邃。

她寫的食評精彩專業卻寬容大度，像她的體形和性格。

我在香港開新榮記初期碰到了不少尷尬，嫣薇給了我自信和堅持。

喜歡她的這本書，擴大了視角，吸收了能量。

喜歡和她做朋友，因為美食和追求。

張勇

序七

六年前的某一天早上，收到謝嫣薇小姐訊息，她說：「法國名廚 Alain Ducasse 來了香港，想試中菜，昨晚被本地朋友帶去了另一間餐廳，好像是你們舊同事開的，吃了雞油花雕蟹配陳村粉，感覺不錯。今天大廚本有約，但此菜是你餐廳招牌，我認為應再試清楚，所以強拉了他過來，午餐有位嗎？」謝小姐雖是熟客，但當年相識不久，想不到她熱心至此，緊張之情溢於言表。能夠把 Alain Ducasse 本來的行程硬改過來，再吃同一菜式，可見謝小姐與大廚交情匪淺。

Alain Ducasse，一個飲食界無人不曉的名字，世上擁有最多「星星」的廚師，他的餐廳我自是吃過多次，從 Le Meurice、Alain Ducasse au Plaza Athénée 到後來的 Benoit、Spoon，及至倫敦的 Alain Ducasse at The Dorchester，當時從沒想過有一天能招待這位名動江湖的前輩。準備午餐的時候，我的心情既興奮亦好奇，食物能否過關？作為顧客，Alain Ducasse 會有什麼反應？

中午時分，大廚挽著謝小姐之手，與另一朋友，翩然而至，大家作過簡單介紹之後，陸續上餐。嫣薇熟悉菜式，從旁解說，我見他們談笑甚歡，自不打擾。吃完花雕蟹後，大廚抬頭問：「此菜與昨晚所試大不相同，鮮味強了、口感更滑，是什麼原因呢？」嚇一跳，被高手一下看破，我不敢隱藏，立即和盤托出：「為了提升滋味，我們萃取了鮮甜蜆汁，加入花雕之內蒸大花蟹，等至最後一分鐘，再混入日本蛋黃，在半凝狀態下上菜，所以有柔順之感。」Alain Ducasse 聽了，若有所悟，點頭微笑。這是第一次有人

問在關節處，我亦是第一次答在重點。

然後到了魚米粥煮蝦籽琵琶蝦，客人感覺奇特，似是醬汁又不是醬汁。謝小姐代我們闡述，這是明火白粥去米後之粥水。我站在不遠處看到，大廚竟然從西裝袋中，拿出小冊子，寫下細節！這是聞名 30 多年的 Alain Ducasse 啊，沒想過會如此虛懷若谷，孜孜不倦。我永遠記得這一幕，那藏在聰明睿智方形眼鏡內，因為發現烹調新趣味時閃出熱情喜悅的眼神，以及那本記錄著不知多少智慧的小冊子，難道「改變世界的味道」便是如此煉成的？

感謝嫣薇，沒有她，我看不到這一幕，更不會有後來的啟發。這數年與謝小姐熟絡，見她上山下海吃遍天下，今日在巴黎，明天在北歐，推動美食不遺餘力，心內佩服。嫣薇邀請為新書寫序，忙不迭提筆，終於有機會說出這一段故事。謝小姐心中懷著一團熱火，近距離觀察廚師們，寫成此書，承先啟後，不作第二人選。唯一問題，自己與前輩並列，愧不敢當，哪怕是敬陪末座湊個數，也是抬舉，想起面紅。

葉一南

自序

故事必須從 10 年前說起。當時我還是一個自由撰稿人，為各大媒體提供的文章範圍以名人專訪、兩性專題、旅遊和飲食文章為主，尚未轉職專寫飲食。有一個下午，我如常去採訪餐廳，回頭一看不過是生命中平常不過的一天，卻也是改變人生軌道的一天。

那一家餐廳叫做 Caprice，位於中環四季酒店內，是米芝蓮三星法國餐廳。簡單介紹一下「那些年的 Caprice」顯赫的背景：2005 年香港四季酒店開幕，法國餐廳 Caprice 備受矚目，因為主廚、經理、甜點師和侍酒師皆是從法國巴黎四季酒店 Le Cinq 重金禮聘而來，從硬體到軟體都是按照三星規格打造。曾有飲食作家前輩說，Caprice 的開幕，有了標桿，馬上把香港的 fine dining 發展推前一個光年。2008 年，《米芝蓮指南》港澳版正式推出，Caprice 首摘二星，翌年即登上三星，成為香港唯一的三星法國餐廳，風頭一時無兩。

我去採訪那一年，2011，Caprice 穩守在三星位置，聲勢如日方中。時任主廚叫做 Thierry Vincent，他很有耐心地向我講解許多菜式的步驟和做法，然而，那些廚房專業名詞，於我而言就像是外星文，一個也聽不懂——當時真的連 broth（大骨湯）、stock（高湯）、bouillon（肉清湯）、consommé（法式清湯）都搞不清楚！儘管我讓主廚在筆記本上寫下這些名詞，我回去照著打字就可以了——不過我頓覺羞愧難當，想著眼前的廚師是經過多少磨煉才取得今天的成就，我的無知彷彿在侮辱他。回家以後，我把每個他寫給我的「生字」鍵入谷歌搜尋資料，如此這般，只是做功課就做了不知多少個小時！寫完該篇文章以後，我下定決心，我

要當一個專業的飲食作者，不能再重蹈覆轍！

自我充實的最方便法門就是看書自學吧！當時買了好些法式料理相關的書回家讀，只要有空就翻一翻，漸漸許多詞彙、知識也就入了腦，跟廚師做訪問的時候，能夠溝通的東西隨之增加。這時候我慢慢發現，當我一無所知的時候，這些廚師並不介意分享，可是，當他們發現你懂得他所說的，他們會樂意甚至迫切地分享更多，甚至因為這種互動，就把你當成了朋友，而不是純粹的工作往來。與之互為因果的是，跟廚師們當了朋友，交流多了，心得隨之而來，內涵在不知不覺中提升。有一天，當自己執筆寫一個對以前的我來說是戰戰兢兢的題目，而可以行雲流水地表達，就曉得：進步了。

2014 年碰到我人生第一個轉捩點，那就是被「法國醬汁之神」、米芝蓮三星名廚 Yannick Alléno 的公關邀請到台北作個人專訪，並且參加他所掌廚的一頓晚宴。為了是次採訪，我首先付費下載了電子書，在頻密的出差行程中，斷斷續續地在飛機上把 Yannick Alléno 所寫的醬汁書一字不漏地讀完，才來準備採訪的問題。那次採訪聊得非常愉快，本來只有 30 分鐘的時間，在 Yannick Alléno 滔滔不絕的發言下，聊了一個多小時！

還記得採訪完畢，Yannick Alléno 馬上衝進廚房為當晚的晚宴作準備，而他的經理人（現在已成為太太）Jennifer 走過來跟我說：「妳的問題好深入！談話內容也帶動得非常好，這是一個很有水準的訪問啊！」這無疑是一劑強心針，但是更來勁的事在後頭：文章刊登半年後，某天收到一封來自公關的電郵，代表 Yannick Alléno 邀請我到巴黎和谷雪維爾（Courchevel）一趟，出席他連同另外 2 家米芝蓮三星餐廳的名廚：Emmanuelle Renault，以及

Rene Meilleur、Maxime Meilleur（這是一對父子兵）一起主持的軒尼詩 250 週年私人晚宴，選址就在他主理的另一家名店：Le 1947 裡頭。資深吃貨們必然知道，Le 1947 位於 LVMH 旗下的奢華滑雪度假飯店「白馬莊園」（Cheval Blanc），這是為什麼我得要往谷雪維爾走一趟。好處是：晚宴的邀請一併附上白馬莊園的三晚住宿，包括餐飲、水療……然而，真正感受到自己的幸運，是來到晚宴現場，只有我一個亞洲人，也是唯一的亞洲媒體！與會者還有時任《米芝蓮指南》、*Gault & Millau* 等飲食評鑑權威的總監，何其榮幸！那一次算是開了眼界，同時建立起歐洲餐飲界的交際網絡。

第二個轉捩點是遇上法菜教父 Alain Ducasse。他一年總會到香港一兩次，以監督旗下餐廳出品的水準。那一次，教父有公開讓大家進行訪問的時段，不過就是那種「每人 15 分鐘」的車輪戰，我也不例外。還記得我比原訂時間早 15 分鐘來到餐廳等候，他還在被訪問，在我之前另有兩家媒體的記者，等了差不多 45 分鐘才輪到我。他有點疲態，但非常客氣，訪問就正式開始。談著談著，隨著我們話題的進展，教父先是叫人倒香檳給我喝，然後是要人端來芝士請我吃，接著是自己站起來，去廚房拿一些盤子給我看，最後，他主動在餐牌上寫上我的名字，再簽上大名送給我——這一些，都是之前那幾位媒體朋友沒有的待遇，所以我知道自己所提問的內容裡頭，有引起了他的共鳴的部分——那一次為了訪問，我做功課做了整整一個禮拜多。更意想不到的是，他回到巴黎以後，給我捎來一封道謝的電郵，從此展開了我們的友情。

還有 Alain Passard，他曾對我說過：「Tu es la plus pointue de tous les journalists que je connaisse!」（妳是我認識的所有記者中最敏銳

的！），即使是打氣說話，對我來說已足夠鼓舞。

這份堅持付諸在我採訪的各個菜系大廚上，不限於法國菜，即使採訪中菜大廚，我也親自做功課、熟讀資料，因為只有這樣，你的內容才能達至「外行人看熱鬧，內行人看門道」的層次。只不過法國菜不是我從小就認識的菜系，而這個菜系又作為如今全球高級料理系統的基礎，深入了解對於了解其他菜系亦大有裨益，所以特別下苦功。而我的功力隨著各種採訪所做的功課、與這些名廚們因交情而來的頻繁交流在不斷增強，時至今日，「我要做一個專業的飲食作者」的初衷仍沒改變。

其實，你的程度和層次在哪裡，你的訪問對象和讀者都是曉得分辨、心裡有數的。每一次收到大廚、讀者們的回應，都讓我知道，我得要不停進步，才能對得起大家的信任和愛護。追求超越昨天的自己以寫出更有水準的文章，是我回饋大家的方式。這 10 年來，我親身訪問了近百位中西大廚、餐飲人，特別精選了其中 19 位最具代表性的人物，把文章重新編纂、結集成書，相信他們的前瞻思維、精神力量和行動力，會帶給讀者許多美好的啟發！

謝嫣薇

2021 年 1 月於香港

目錄

第一章　CHAPTER ONE

開啟烹飪新篇章的歐陸大師

Alain Ducasse / Yannick Alléno / Ferran Adrià / René Redzepi / Cédric Grolet / Alain Passard / Heston Blumenthal / Massimo Spigaroli

①

STORY 1

以法菜開闢疆土的征服者

Alain
Ducasse

他，不止是一個名廚，他擁有的是一個餐飲帝國。

他是名震八方的艾倫杜卡斯（Alain Ducasse），

稱號很多、派頭很大：世紀廚神、殿堂教父、

法菜帝王……我則愛稱他為法菜教父。

無論如何，都是指向同一件事：不可動搖的江湖地位。

在香港洲際酒店的法菜餐廳 Rech by Alain Ducasse 與

他見面，他一如既往地氣場懾人心魄、眼神如鷹。

料子上乘的訂製西裝被他挺拔的個子穿得分外貼身好看，

襯衫的紐扣嵌著名字縮寫「AD」，成為品味的縮影。

魔鬼藏在細節裡，

作為一位肯定會在世界飲食歷史上名垂千古的大廚，

他一定比起更多人明白以及深入實踐這個道理。

Rech by Alain Ducasse 是這位教父在巴黎收購的海鮮餐廳。要了解今時今日的 Alain Ducasse 帝國,故事可以從 Rech 說起。話說在上世紀 20 年代的法國,有一股來自阿薩斯(Alsace)到巴黎的移民潮,都是以經營海鮮小館配當地的白酒為生。Rech 於 1925 年在巴黎開幕,由其中一位阿薩斯移民 Adrien Rech 所創辦,一開始只是家雜貨店,賣點是出售來自法國不同海域的生蠔配上經特別挑選的阿薩斯白酒,後來大受歡迎,從生蠔擴展到售賣其他貝類海鮮,名聲漸隆,進而轉型為海鮮餐廳。Rech 的位置就在凱旋門附近,多年來是巴黎人心目中吃海鮮的優質老字號——2007 年,Alain Ducasse 對 Rech 進行了收購,將老字號的命運銜接到時代上,甚至曝光於世人前。從此以後,Rech 不再是只有巴黎人才熟知的名字。

上圖:西方傳媒愛稱他為「法菜帝王」,雖然已屆殿堂級人物,他依然熱愛學習,近期更熱衷於研究中菜。

活化老字號的使命感

這是 Alain Ducasse 餐飲帝國其中一個範疇：把具有一定知名度的巴黎老字號買下來，用現代手法將之活化，同時小心翼翼地保有了餐廳的歷史感，讓餐廳的老靈魂在注入新的活力下打開新格局，在時代的軌道上前行。在他面前提出這些他的團隊收購的餐廳名字：Aux Lyonnais、Benoit、Allard……他顯得高興，臉上露出了安慰的神情。他承認說，這種收購知名老餐廳的舉動，其中一個推動力是來自於使命感：「希望這些優質的餐廳不會被時間淘汰，保留下來之餘，也要保有它們的老靈魂，那才不會失去原有的內涵和歷史價值。同時，以我們現有的條件去經營，那就會走得更長遠。」

使命感，是這位法國菜教父目前其中一個著眼點，這些老字號就這樣被吸納於他強大的羽翼下，在他領航下翩然翱翔。他的飲食帝國還有哪些餐廳呢？先說他的大本營巴黎好了：一共有 15 家餐廳，當中包括了米芝蓮三星餐廳 Plaza Athénée、二星餐廳 Le Meurice、一星餐廳 Benoit（根據 2020 年法國米芝蓮指南榜單成績）等，倫敦兩家、摩納哥三家、紐約一家、拉斯維加斯一家、東京兩家、香港一家，近年把版圖擴大到中東，在多哈也開了一家——全球總共有 26 家餐廳。如果是連鎖品牌，這數目只是九牛一毛，但作為一個餐飲經紀人，這數目可謂非常驚人，畢竟要統領這些定位、特質、風格、運作、菜單都不盡相同的法式餐廳，管理這些團隊，實在需要一個「放射性」的腦袋，可以同步處理千千萬萬件事情才行。然而，在帝國尚未形成之前，他走過

右上圖：法國傳統名菜香橙鴨，列在法菜教父旗下餐廳的菜單上。

右下圖：牛仔扒、迷你甘筍、薑，這道注入了東方神韻的菜式，是 Alain Ducasse at Morpheus 的招牌菜。

了怎樣的路呢？

三星名廚的成功征途

Alain Ducasse 出生於法國西南部卡斯泰爾薩拉桑（Castelsarrasin），一個名不見經傳的地方，因為他而籠罩了光環。他在 1972 年正式展開在廚房的征途，進入了位於大西洋海岸上的 Pavillon Landais 餐廳實習，之後又陸陸續續地到過不同的餐廳工作，最後落腳在蔚藍海岸的二星餐廳 Moulin de Mougins，那裡成為他開竅的地方——他把玩著傳統普羅旺斯料理味道的線條和界線，並且用他的手法和觸覺賦予新面貌，這也間接開創了他的個人風格，以及鞏固了他做菜的核心理念。

1984 年，27 歲的他已出任巴黎知名露天餐廳（Le Terrasse）行政總廚一職，並且成功為餐廳摘下米芝蓮二星，因此名聲鵲起。然而，無常同時來襲，同年他遭遇了嚴重的飛機失事事故，救援人員在阿爾卑斯山脈找到了他。死裡逃生的他是唯一的生還者，過後還經歷了大大小小十幾次手術，歷時三年，才算完全康復。一個人如何度過逆境，展示的是個人品質的底蘊——在病榻上的 Alain Ducasse 依然堅持創作食譜，讓同事來到病床前開會、討論；並且把餐廳的醬汁帶來讓他試吃，以遙控方式管理著餐廳。他承認這一段經歷對他影響至深，讓他對未來打理餐廳的模式有所思考，啟發了他對於「走出廚房」去經營餐廳的想法、對這種可能性的探索，揣摩起遙控管理學。

真的是「大難不死，必有後福」嗎？他後來受聘於摩納哥蒙地卡羅的路易十五餐廳（Le Louis XV），再次遇上人生轉捩點，三年後即成功為餐廳摘下了米芝蓮三星的榮耀，當時的他也不過是

33 歲。之前空難的經歷為他添上了傳奇色彩，再因為年紀輕輕
榮登三星主廚的寶座，自然成為傳媒焦點，鋒頭一時無兩。

很多人以為，當一個廚師有了米芝蓮三星的光環披身，事業就應
該已達高峰了吧？要保持已不容易，談何突破？但如果他是一般
名廚，就無可能奠下日後的千秋大業了。1996 年，當代廚神 Joël
Robuchon 宣布退隱江湖，Alain Ducasse 被委以「史上最重要的任

上圖：年輕時曾經歷空難，是唯一生還者，並且用了 3 年時間才康復，從此讓他悟出
了「活在當下」的真諦。

　務」，那就是去到巴黎接手 Joël Robuchon 的餐廳！這可說是整個
歐洲餐飲界都在關注的一役，日後重提，教父亦笑言當時是背水
一戰，只許成功，不許失敗。餐廳為了迎接也整修了一番，以新
裝潢新氣象出發。不負眾望，Alain Ducasse 掌舵的一年間就為餐
廳摘下了米芝蓮三星，這是他個人履歷裡的第二次三星榮耀，名
氣更上一層樓。

　Alain Ducasse 把握時機，加快了腳步，以巴黎為基地創辦
了 Spoon 新派法國菜品牌，這品牌後來也陸續在紐約、香港

上圖：巴黎的 Aux Lyonnais 是經 Alain Ducasse 收購以後，得以發展新生命的老店之一。

登陸，知名度進一步國際化。後來，他跟巴黎百年五星飯店
Plaza Athénée 合作，在裡頭開了他的餐廳 Alain Ducasse au Plaza
Athénée，並且毫無意外地拿下了三星，飯店也順利以世界馳名
的頂級餐廳刷新了形象。

Alain Ducasse 是法國餐飲史上唯一一個摘過三家米芝蓮三星餐廳
的主廚。要是加上其他在他旗下的餐廳，有人幫他算過，他的餐
飲生涯目前共有至少 19 顆星星，乃史上第一人。所以，不管是
被稱為廚神、教父或帝王，他實在當之無愧。

上圖：香草茶桌邊服務：侍應把擺滿了香草盆栽的小車推出，客人即場選擇想要的香
草，侍應現場剪洗香草葉和泡茶。這項服務由 Alain Ducasse 於大約 20 年前在他摩納哥
的三星餐廳：Le Louis XV - Alain Ducasse 首開先河，現已模仿者眾。

推動高級法菜創新變革

事實上，Alain Ducasse 的豐功偉績並不僅限於其商業模式——他栽培了多不勝數的優良廚師，有很多甚至已獨當一面，成為世界級名廚。曾獲 2015 年世界最佳女主廚的 Hélène Darroze 便是由他一手提攜，是千禧年代全法國唯一的米芝蓮二星女廚，後來她轉戰倫敦，在 The Connaught Hotel 出任主廚，三年後餐廳拿了二星。2021 年，她再下一城，攀上三星的高峰，也是全英國兩位擁有三星光環女廚的其中一位。2019 年世界最佳糕點師 Jessica Préalpato 亦是由 Alain Ducasse 一手扶植，此後際遇扶搖直上。

另外，打從一開始，Alain Ducasse 就自覺身為廚師有責任維持小農生產商的生計以及提升他們的行業地位，並在這方面貢獻良多：很多人並不知道，現在連三歲小朋友也能朗朗上口的 Le Beurre Bordier 牛油，便是由他一手挖掘；全球各地頂級法國餐廳必列在菜單上的 Bernard Antony 熟成乳酪，也是 25 年前由 Alain Ducasse 開始採用，口碑不脛而走，如今譽滿天下；甚至在他的書裡，也會特別表揚為他的餐廳供貨、仍以傳統鈎線捕撈漁獲的布列塔尼的漁夫；在田裡引入沐蘭鴨，以全天然方式清除他位於聖吉爾（Saint-Gilles）區內五十公頃水稻田的雜草的農夫 Bernard Poujol⋯⋯為這些對大自然有著深切關懷的供應商護航，也展現了這位教父對大自然的愛護。

兩年前，他在 Plaza Athénée 的三星餐廳來了個菜單大改革，革新傳統，放棄肉類，以穀類、蔬菜和可持續發展海鮮炮製新時代的 fine dining，取名為「三部曲」。這個改革殊不簡單，你得要佩服大師的勇氣以及前瞻視野。需知道法國廚師，要學好做一道鴿子料理，掌握食材、配菜和醬汁之間的配搭、提升、變化，就可

上圖：教父的菲律賓廚藝學校跟慈善基金會合作，為貧困青少年提供廚藝訓練，讓他們有一技之長，改寫命運。

左下圖：如今被譽為芝士大師的 Bernard Antony，20 年前由教父一手發掘力捧，從此聲名大噪。

右下圖：Alain Ducasse 的愛將，由他一手發掘和捧紅的 Jessica Préalpato，以無糖無乳製品的自然派甜點風格顛覆法國甜點界，是 2019 年「The World's 50 Best Restaurants」單位頒發的「全球最佳糕點師」得主。

能需要三五年的時間，以此類推，其他菜式無一不需要千錘百煉。然而，大師說放掉，就放掉了，同時也挑戰著市場的接受度——這群 fine dining 的熟客，肯定有著各自的頑固口味，就好像你去港式飲茶，但菜單已經沒有了蝦餃燒賣，行嗎？一樣的道理。在這果斷的決定底下，同時看見大師對於飲食趨勢的觸覺：素食潮流來勢洶洶席捲全球、肉食被視作環保的首要解決課題、法國菜被人詬病為不思進取，他一次過來個顛覆。

用「三部曲」做食材，已在吃素和吃肉兩個極端當中取得平衡，採用可持續發展的海鮮也做到符合環保的要求，同時烹調海鮮菜式一樣需要上乘功夫以達至完美效果，fine dining 的技藝亦可融會貫通，無須犧牲法國菜的廚工精髓。從成功發展自己的一套飲食經紀管理學、收購優質法菜老字號使之流傳、提升小農生產商的行業地位、栽培女廚為法菜帶來新氣象，到懷著前瞻思維將法菜內涵創新，都能看見教父對於法國菜的貢獻已遠遠超越個人成就，而是在捍衛傳統價值，以至於不斷提升法國菜面向世界的代表性。雖然已是神話般的殿堂級人物，Alain Ducasse 仍然不甘於待在舒適區裡，繼續勇於自我挑戰。那接下去他想做的是什麼呢？他笑：「我想當一名美食 blogger，邊旅遊邊享受美食，然後寫出來跟大家分享。」那將會是史上最專業的美食 blogger！

持續挑戰創意高峰

教父的飲食勢力版圖不停地在全球各地擴展，隨著履歷而來的是思維的不斷革新，將法國菜帶入了新紀元。朋友在 Alain Ducasse 的多哈高級餐廳，吃的主菜是駱駝肉，醬汁是駱駝汁，調味有許多中東香料，他笑說：「完全是耳目一新的 fine dining 經驗，不過也做得蠻好吃的。」

對於不同城市的餐廳，菜單應該放上什麼菜式，教父常有不同發想：「我想把紫菜用在澳門那家 fine dining 餐廳的菜式中，妳認為可行嗎？中國人接受得了這樣的口感和味道嗎？」隨即跟他解釋，紫菜於中式家常料理很常見，潮州菜裡的麵食、湯品，都愛用紫菜。教父馬上揚起了眉毛，看來腦子裡有不少點子正在轉動。

上圖：巴黎米芝蓮三星殿堂級餐廳 Alain Ducasse au Plaza Athénée，顛覆地摒棄用所有肉類入饌，而以蔬果、穀類和可持續海鮮構築菜單。

談起旅行帶來的靈感，教父曾經分享，他在日本學得「活締處理法」（Ike Jime），一種日本漁民沿用了過百年的活魚宰殺法，帶回法國教導供貨給他的漁民，好讓魚肉素質更佳。他在東京有兩家營運了差不多十年的餐廳，那是他最常去的城市之一。他對於壽司、懷石料理的熟悉程度是資深饕客的級別，對各家壽司的醋飯風格、魚料熟成等方面，他都能侃侃而談。然而，談起日本料理對於做法國菜的啟發，他直言：「並沒有。」身為法菜教父，他對於法菜發展成熟的支流：日式法菜，是這麼說的：「必須誠實地說，日式法菜是我做不出來的菜系，因為我缺乏在日本成長、生活的經驗，因長期浸淫在文化背景而來的思考和觸覺，是刻意不來的。」教父強調，把當地食材融入法菜，以及把兩個地方的飲食文化脈絡無縫交融成新的菜系，是截然不同的事，不能混為一談。現在的教父，把一切視作好玩、有趣的挑戰，「我和團隊接著要攀爬的高峰是摩納哥的餐廳，融合地中海、中東和東方風土三種元素的料理，然後以法國菜的技術去演繹！」

上圖：深耕日本市場多年，教父吃遍名店，從壽司到懷石料理都能侃侃而談。

教父的開創精神，在 4 年前已付諸於他重新翻修後出發的殿堂級餐廳：巴黎的 Plaza Athénée，放棄了肉類，以穀類、蔬果、可持續發展海鮮組成「三部曲」去炮製新時代的 fine dining；而他對於味道的追求、刻度，更是顛覆了味蕾對美味認知的方程式：酸度、苦味在菜式裡被強調、被放大處理，有些菜式非常衝擊思維和接受能力。「這一家餐廳，它的角色必須是肩負前瞻性、實驗性和開創性。我喜歡酸味，同時覺得苦味是被低估的，想要藉著兩者為美味重新定義。」甚至甜點也把糖粉的用量降得最低，甚至完全不用，比方說一道麥芽忌廉、啤酒雪芭和啤酒花，是極度前衛的「甜品」，因為幾乎感覺不到甜度的存在。教父坦言，這些菜式並非適合每一個人，但絕對有助於改變一些慣性口味和思維。「目前這全新概念實踐了 4 年多，我們在第 10 年的時候，再來檢視成果和得失。」一言為定！

上圖：我和教父這些年在世界各地見面，這一張合影是在東京。

STORY 2

法國醬汁之神與他的

醬汁革命

Yannick
Alléno

Yannick Alléno，可說是法國最具知名度的中生代名廚，
他的廚藝天賦很早就獲得肯定：
出道不久即在里昂的 Paul Bocuse Trophy
世界烹飪大賽嶄露鋒芒，
及後更被譽為是這位法國料理之父的接班人。
2003 年，他接掌了巴黎指標性餐廳 Le Meurice，
1 年後即摘下米芝蓮二星，5 年後摘下三星。
同一年，也就是 2008 年，
他更獲選為 Best Chef in France（法國最佳名廚）。

2013 年，他離開了 Le Meurice 並接受新的挑戰：代替另一位名廚 Christian Le Squer 接掌久負盛名的 Pavillon Ledoyen，7 個月後餐廳就成功摘下米芝蓮三星，轟動一時。Pavillon Ledoyen 的三星紀錄更保持至今。2015 年，Yannick Alléno 被法國另一圭臬美食指南 *Gault & Millau* 評選為最高榮譽的「2015 年度最佳主廚」。除此之外，法國滑雪勝地裡的頂級奢華旅館 Hotel Le Cheval Blanc 的餐廳 1947 亦由 Yannick Alléno 掌管，餐廳在 2017 年摘下米芝蓮三星後，如今仍穩坐在三星的寶座上。

Yannick Alléno 在法國被譽為「醬汁之神」，因為他多年來專研於醬汁的濃縮技術並取得重大突破，而且申請了專利。他在

上圖：巴黎世紀名店 Pavillon Ledoyen，百年來歷經多位名廚的掌舵，Yannick Alléno 則在 2013 年開始接管，為百年老店帶來新景象。

2014 年出版了一本叫 *Sauces: Reflections of a Chef* 的書，很輕巧，只有 100 頁，卻完整敘述了法國各款經典醬汁的歷史、特質，又提供以個人心得研創的醬汁食譜，字裡行間都是他對這門料理藝術的熱情。坦白說，看這本書之前，我僅僅知道法國醬汁誕生於強調絕對王權的 18 世紀：當時的國王路易十四極盡奢華之能事，美食是他展現王權、令貴族臣服的方式之一。皇宮的料理越是豪華有氣派，貴族們就越是欽佩和讚嘆。御廚們為了討好國王各顯神通，奠下法國料理的萬世基礎，更研製了堪稱「流芳百世」的蛋黃醬（美乃滋）以及法式白醬。換言之，沒有路易十四，法國料理在歐洲美食界龍頭大哥的地位，肯定要改寫。

法國料理的 DNA

什麼是醬汁？Yannick Alléno 說，它就是法國料理的 DNA。「醬汁是餐碟上所有食材相遇時擦出火花的牽引，它是動詞而不是名詞。沒有了醬汁，文章就做不出來，就沒有法國料理。」他這麼強調醬汁的重要——的確，做得好的醬汁，謙若低眉，在主菜和配菜間悶聲不響，卻令兩者味道結合得天衣無縫，又或者在神不知鬼不覺中推了各食材味道層次一把，卻功成不居。友人曾在巴黎 Yannick Alléno 主理的 Pavillon Ledoyen 吃了一頓 14 道菜的晚餐，他這麼形容 Yannick Alléno 和他的醬汁：「作為食材融和、味道轉折的橋樑，Yannick Alléno 把醬汁真正的價值表述得非常清楚，昇華整個經驗非常成功。」

Yannick Alléno 在他的書中闡述了法國醬汁的 4 個階段：在最早期的 19 世紀，法國人的廚房都有一大鍋「萬用醬」（universal sauce），是猶如上湯功能一樣的基礎醬，是用來調製其他醬汁的醬底，需耗 24 小時才烹煮而成。到了 20 世紀，「名廚之王」

上圖：Pavillon Ledoyen 的內裡裝潢典雅華麗，Yannick Alléno 卻沒有被餐廳形象所限，在這裡屢屢創新。

Auguste Escoffier 為傳統的法國料理推行第一波現代化改革，醬汁有了突破性的面貌，一種叫做新派基礎醬（fond nouveau）的醬汁因此誕生，那就是先以不同肉類來熬製高湯，然後再以這個高湯作為調製醬汁的基礎，比方說，用牛肉牛骨來熬煮高湯，再用這高湯調製醬汁以用來配牛扒，熬雞高湯再配合其他材料調製成伴雞肉或者魚肉菜式的醬汁，奠定了法國五大母醬的雛形。這種處理方式大大縮短了醬汁的烹煮時間，只需花 12 小時就能成事，這時候的醬汁有了更清晰的味道和功能。Yannick Alléno 說他從小在家裡便是看著祖母、母親不厭其煩地熬煮高湯來製作醬汁，早早便知道醬汁要怎麼煮、怎麼配搭才會好吃──「醬汁之神」其實是幼承庭訓的成果！

到了 1970 年，法國新派烹調法興起，帶來了「原汁原味」的概念，運用烹煮肉類過程流出的肉汁，加其他調味來煮成醬汁，更能融入主食材的味道，令食味自然、和諧。這個階段帶來的訊息十分強烈，那就是味道要精準、最貼近原味，但同時也揭示其不足：熱力令醬汁濃縮，但味道也會在當中流失。Yannick Alléno 抓住了問題核心，進行反覆試驗，終於有了革命性的突破，把法國醬汁帶入第四階段，也是由他開創的醬汁新時代！

Yannick Alléno 開創的法國醬汁新時代，可說是廚房裡的科學試驗在千錘百煉後的成果。他為自己註冊專利的醬汁技術叫做「精萃」（extraction），簡而言之是結合了低溫真空烹調（sous vide）和低溫濃縮，又叫做凍結濃縮法（cryoconcentration）的方法，非常有突破性，不止是醬汁技術，更是人類烹飪史上的一個里程碑。以他其中一項實驗成功的芹菜頭醬來舉例好了：首先，把切粒的芹菜頭真空包裝好，然後放進華氏 84 度（攝氏 28.89 度）的水中，慢煮 12 個小時。接著，便進入低溫濃縮

的階段，那就是把低溫慢煮過的芹菜頭粒冷卻和凍結，將所含
的水分變為冰晶，然後去除掉冰晶，從而提取母液可溶性固體
的濃度。Yannick Alléno 說，所謂烹煮，都是以熱度「破壞」食
物的分子才能成事，然而，熱度也容易令味道流失，低溫慢煮
真空包裝的食材，便可以「破壞最少的食物分子，而保留最多
的味道」。再透過凍結濃縮法萃取汁液，所得之味就是最天然
最原始的。Yannick Alléno 說這樣製作醬汁，不止味道清晰又集
中，而且口感順滑無比，亦符合健康理念，貼近這個年代的飲
食趨勢。「然而，在上碟之前的那個烹煮步驟，我還是會加入

上圖：Yannick Alléno 向祖母致敬的「瓶中雞」，是一味對親情的懷念，很古典的法國
菜，跟他其他菜式的風格截然不同。這是他的祖母最拿手的菜餚：將脫皮的雞肉、豬
腩肉、鴨肝、黑松露等材料按不同方式處理後，塞進特製的瓶子裡煮熟，脫模後切成圓
形肉片。材料隔著瓶子爛煮而熟，互相入味、滲浸交融，吃起來滋腴甘香，風味緻密。

少量牛油。」他頑皮地笑笑：「沒辦法，我就是喜歡牛油，牛油也是法國菜的靈魂。」Yannick Alléno 把這款醬汁用在帶子配魚子醬這道前菜上。

體貼員工　研製新托盤

Yannick Alléno 現在都是這樣個別製作醬汁：甘筍、雅枝竹、芹

上圖：海膽湯，用 7 種精萃汁調和而成，包括紅蘿蔔、芹菜根、蕪菁（大頭菜）、海膽、葡萄柚（西柚）、鴨肝和豬腳。「裝在烤葡萄柚盅裡的海膽湯，一入口，感覺不到海膽，卻有比海膽更複雜千百倍的滋味席捲而來，明確的鮮，又夾雜著酸、苦、鹹、甜，可是五味用完了也不夠形容。」（圖片及文字來自高棻雯「美食家的自學之路」）

菜頭⋯⋯萃取「汁膽」以後再進行卜個步驟的處理,開創了革命性的里程碑——在他之前,法國醬汁有整整三十年的停滯期。最近讀到《米芝蓮指南》官網跟 Yannick Alléno 做的訪問,有一段是這麼寫的,頗有啟發:「醬汁就是一切的中心。盤中八成的重要性,都有賴醬汁,醬汁就是這盤料理的動詞。這個動詞還有各種變形:未來式、現在式、過去式,你甚至還能將這個動詞的時態互相混合,它是千變萬化的。過去曾有一段時間,法國有一些工廠要廚師來買他們的產品,我們因此失去了許多與醬汁以及真實料理的連結,也失去了盤中的層次(complexity)。2012 年,那時我開始思考怎樣重新找回品味盤中醬汁的快樂,我叫它『terrine syndrome』:當你料理 terrine(法式凍)時,烤箱上面放上肉,關上門,慢慢的煮,下面會有美味的汁液,這就是精萃。那個味道非常的有層次。過去因為那個有點髒,所以我們不會端到客人面前,但對我來說,那是 terrine 最棒的部分,我們卻丟在垃圾桶中。當我了解了這點,我就想從地球上任何的食材上萃取出這些精華。」

醬汁以外,Yannick Alléno 形容自己對於從廚房到餐廳的要求是「吹毛求疵」,因為這些不以為意的細節,才是決定完美與否的關鍵。最能反映這位性感大廚心細如塵的一面,是他餐廳的托盤:傳統銀色托盤雖華麗但也沉重(約 1.5 公斤),長期端盤送菜也會為員工帶來職業勞損,他觀察到這點,著手研發,發明了僅有 900 克的高科技碳纖維托盤,以法拉利賽車款標誌性的高科技碳纖維製成,輕盈又具承托力,既美觀又實用,負責送菜的員工也輕鬆有效率得多了。一般 fine dining 的法國餐廳都不會讓女員工負責端盤,因為太沉重了,在 Yannick Alléno 的餐廳則無此問題!

STORY 3

分子料理之父

Ferran
Adrià

這個世界上，也許從來沒有人想過，

有一天，一位西班牙廚師會帶著極其前瞻性的思維，

徹底改變了近代西方餐飲面貌，也將這個潮流帶到全世界。

這位以分子料理震撼世人的廚師，

叫作 Ferran Adrià（費蘭阿德里亞），

中文媒體普遍稱他為阿德里亞。

如果說 Alain Ducasse 的存在是代表了法國菜輝煌年代

以及無遠弗屆的影響力，將法國菜當成戎馬征服世界；

那麼 Ferran Adrià 的出現，就是為了顛覆料理而來。

Ferran Adrià 其實也不盡然代表西班牙料理，比較正確的說法是，他代表自己。分子料理並不是由 Ferran Adrià 發明（真正的「分子料理之父」是科學家 Hervé This），卻經由他發揚光大，成為廚師們都想修煉的美食煉金術。

分子料理煉金術

分子料理開始在國際冒起名堂之際，很多人都以為這又是一班西方美食家搞出來的噱頭，把較為創新的烹調手法用科學包裝，說得煞有其事，嘩眾取寵。後來，分子美食熱潮席捲亞洲，主要的美食雜誌都以大肆報導它為己任 —— 事實擺在眼前，叫人不得

上圖：Ferran Adrià 在講台上發表演說。

不正視，也叫人無法繼續以自以為是的態度去理解。

何謂「分子美食」？英文稱 molecular gastronomy，入門是一堆科學名詞：spherification（晶球化）、emulsification（乳化）和 gelification（膠凝化），既長又拗口；成分亦是絕大部分的人看不懂：sodium alginate（海藻酸凝膠）、xanthan gum（玉米糖膠）、modified starch（改良澱粉）、calcium lactate（乳酸鈣）等等……跟這門廚藝科學有關的名廚，除了前無古人的 Ferran Adrià，後有來者的名字尚有：Heston Blumenthal、Pierre Gagnaire、Grant Achatz 等，全是餐飲界的巨星。

分子美食，奉行的是分解食物主義（deconstructivism），基本理念是按照一套標準模式和精確比例，萃取食物的成分，再加入天然食材如藻膠等瓊脂，或鈣鹽，配合實驗室的工具，如導管、注射器、精密秤磅、氣狀奶油罐、紅外線溫度計等等，以膠化、乳化、液化、氣體化等手法，把食物解構和重組，最後在外形上顛覆了食物的原有形態，味道上則創作了意想不到的滋味口感，以全新姿態呈現。套個充滿玄機的說法，就是：你吃到的不是你所看到的，但你吃下去的，又不是你以為的。個中戲法，得靠食客慢慢去參透，但也大有可能參透不了，只能當作是一次神鬼莫測的飲食歷程。

將想像力發揮到極致

今天的 Ferran Adrià 被奉為分子料理教父，當初會走上這條路，卻是一場陰差陽錯的機遇。

話說 Ferran Adrià 並沒有任何廚藝相關的專業背景，會闖入廚房

純粹是因為 18 歲那年為了賺取前往伊維薩島（Ibiza）的旅費而去到一家餐廳當洗碗工。當時在耳濡目染下，讓他對烹飪產生了興趣。在年少熱血一股勁的推動下，他竟然把一本 500 頁的西班牙老食譜背得滾瓜爛熟。記憶力如此驚人，想來也要天資聰穎才能做到，難怪過後能把分子料理融會貫通，並將之發揚光大。

後來 Ferran Adrià 在不同餐廳的廚房待過，服兵役時也是膳食部的成員，負責為同袍煮飯燒菜。退役後的他，在當時頂著米芝蓮二星光環的鬥牛犬餐廳（El Bulli）找到了一份廚子的工作，一年半後主廚離職，他被擢升為新主廚。這時候，餐廳經理 Juli Soler 鼓勵這位 24 歲的年輕主廚出外旅行尋找靈感。他在法國康城（Cannes）遇到恩師，也是法國知名大廚 Jacques Maximin，跟他學藝了一段時間。有一次他問師傅：「什麼才算是創造？」師傅回答：「創造就是不抄襲。」Ferran Adrià 說他回到鬥牛犬餐廳以後，就把書架上的食譜統統送走。苦思突破之際，遇上關於分子料理的書籍，眼界大開，一頭栽進這個以科學發展美食奧秘的世界。

Ferran Adrià 在鬥牛犬餐廳以分子美食奉客，並不是馬上就引起轟動，而是在實踐的過程累積了一些食客的關注，並且在 1994 年碰上了轉捩點。他和拍檔，也就是餐廳經理 Juli Soler 把餐廳的 20% 股份賣了給西班牙大亨 Miquel Horta，得來的新資金讓他有更多錢大肆改革廚房裝備，投入更精煉的分子實驗。另外，Horta 家族的人脈為餐廳帶來新的客戶，這些在社會上舉足輕重的人物，輕而易舉地把鬥牛犬餐廳正在進行的美食改革傳開了，吸引了境外媒體前來採訪，從此一發不可收拾，鬥牛犬效應在全球引爆。

在訪問中，Ferran Adrià 這麼說：「在人類漫長的歷史中，我們很難做到完全創新。任何作品，或多或少都會和自然界的萬事萬物有相似的地方。但是，創新是一個過程，是發揮你的想像力的過程，或許結果會和某某相似，但只要保持這個態度，你才有可能最終走到創新的最尖端。因為只有保持不抄襲、不借鑒的態度，才可能把自己的想像力發揮到極致，才可能超越世上現存的所有『產品』。」西班牙媒體稱他為美食界的達利、高達——的確，這片土地曾醞釀出那麼多瘋狂的天才，Ferran Adrià 的存在，也太過合情合理了。

鬥牛犬餐廳的戰績彪炳，除了屢屢蟬聯米芝蓮三星，也曾經 5 度在「世界 50 最佳餐廳」（The World's 50 Best Restaurants，一般簡稱為「50 Best」）排行榜上奪冠，這個世界一哥的紀錄，至今沒有其他餐廳能打破。經鬥牛犬孕育的優秀廚師也多如恆河沙數，有些更在後來晉升頂級名廚之列，譬如 Gaggan Anand、Grant Achatz、Massimo Bottura、René Redzepi 等，各領風騷。事實上，Ferran Adrià 為料理界帶來的革命，並不是分子料理的技術，而是：一、在鬥牛犬餐廳之前，廚房的制度依然存在著根深蒂固的階級觀念，鬥牛犬建立了新體系，將包含食譜和嶄新烹調方式的所有資料公諸於世；二、親自驗證團隊能夠完成獨創的料理，讓年輕廚師受到啟發和鼓勵；三、不斷提倡料理在發展過程必須與其他領域合作，例如和科學相結合是必須的進程。相信正正是如此，在鬥牛犬廚房待過的廚師都會大受啟發，改變了做菜的思維，結合個人天分、努力等客觀元素，走出了自己的路。

左上圖：鬥牛犬餐廳經典之作「三文魚卵吉利丁球」，入口卻是哈密瓜味。（圖片由謝忠道拍攝）

左下圖：風靡了近代廚師的鬥牛犬餐廳另一道經典作品：分子料理橄欖球囊。（圖片由謝忠道拍攝）

曾經，鬥牛犬是「史上和世上最難訂位的餐廳」，因為每年僅有 6 個月營業（4 至 9 月），其他時間，團隊都待在實驗室裡做研究、準備新菜單。菜單方面，更無主次菜之分，一般有 40 小碟上桌。因為引發了餐桌革命，這套方式亦風行全球，不少現代西菜餐廳都以類近方式創作，無疑也是在重複而已。

推動人們對烹飪的反思

2011 年，Ferran Adrià 宣布關閉鬥牛犬餐廳。他坦承歷經名氣衝擊，經營餐廳的後期已經頗感疲憊，菜式、技術也在重複，不想機械化地運作，所以選擇關閉，希望能找回當初的熱情。目前，鬥牛犬已經轉型為基金會（El Bulli Foundation），更進一步實踐了 Ferran Adrià 的理想：與科學家、藝術家、經濟學家、植物學家等不同領域的人合作，成立了一個叫做「智人」（Sapien）的學科，開拓烹飪可能的疆土，並且透過辦展覽與大眾互動。

適逢「世界 50 最佳餐廳」15 周年紀念，鬥牛犬實驗室大開門戶讓媒體參觀，Ferran Adrià 邊導賞邊解說，說到他現在想做的是傳播知識，以及引導人們對於知識的反思，讓人們對烹飪的思考方式改變。因為，只有思想改變了，事情才會改變。舉例說：「世界上有 1,000 多種番茄，每種番茄的味道都不同，同一種番茄不同的生長階段口感也不同，如何將每一種食材的口味都發揮到極致，需要時間去探索。為什麼紅酒就只能盛在杯子裡？如果把酒裝在盤子裡呢？為什麼魚就不能做餐後點心？我們有太多的習慣和約定俗成的模式，在這些習慣中，我們忽視了內涵的原理和真相。或許我們會理解為什麼要這樣烹飪，但實際上，烹飪就是對食材的一種處理方法。對食材的處理方法，必定要隨著時代、技術和習慣的改變而改變的。傳統的烹

飪方法沉澱出最合理的部分，但具有非常明顯的時代性，是一個時代、一個社群對食材的處理方法之一。在理解傳統烹飪方法的同時，我們應該有更多的選擇，創造全新的口感。這就需要我們回歸到美食的本質：對食材的利用！我們的創造力最容易被傳統和習慣所約束，給『理所當然』打一個問號，你會發現一個全然不同的世界。」那麼，他想以食物改變世界？「是的，思想改變，世界就會改變。」Ferran Adrià 最接近「神」的地方，是他賦予了廚師思考和創造的能力。

上圖：鬥牛犬實驗室也像是一個博物館，收集了鬥牛犬餐廳以及 Ferran Adrià 兄弟旗下其他餐廳的用具。

下圖：鬥牛犬實驗室位於西班牙巴塞隆拿（Barcelona）市區，招牌懸掛於建築頂層，非常矚目。

STORY 4

革命性北歐料理──
征服世界

René
Redzepi

2010 年，
Noma 取代已經連續 5 年奪冠的鬥牛犬餐廳
登上「世界 50 最佳餐廳」榜首。
打破壟斷局面，自然有了全新報導角度，
餐廳靈魂人物 René Redzepi 馬上成為
世界各地的媒體寵兒，炙手可熱勢絕倫。
如果說 Ferran Adrià 的鬥牛犬餐廳以分子料理
為餐飲界帶來了一場技術和思想革命，
那麼，René Redzepi 的 Noma
則是掀起了在地人文關懷式的飲食風潮。

分別於 2017 和 2019 年，在西班牙巴塞羅那和丹麥哥本哈根獨家
訪問過丹麥著名餐廳 Noma 的主腦，René Redzepi。因為出版此
書，趁機把兩篇專訪整合為一篇，也重新溫習了這位餐飲界精神
領袖引領世界味道風潮的軌跡。

有句話這麼說：10 年人事幾番新。人生只不過匆匆數十年的光
景，10 年，已是一個里程碑。對於餐飲界來說，不用 10 年，5
年已是一輪的更迭，你會疾速地感受到何謂「江山代有才人出，
一代新人換舊人」。

上圖：Renè Redzepi 的廚藝哲思以及人文關懷為餐飲世界帶來新的價值觀和人文觀，引
領北歐料理走向世界。（圖片由 Ditte Isager 拍攝）

記得在 Noma 崛起時，好些人還未搞清楚 René Redzepi 的前瞻性思維，以為他做的不過是北歐版的「farm-to-table」（從農地到餐桌），如果僅僅如此，Noma 會被熱捧為「世界一哥」嗎？Noma 餐廳的名字，由 Nordisk（北歐）和 mad（食物）兩字組成，北歐料理文化的旗幟鮮明。然而，當路走下去，René Redzepi 的「北歐料理」儼然已逐漸發展轉化為新一代的做菜哲學與取向，「北歐」可以是全球任何一個地方，「食物」的面貌應由當地素材和料理文化去決定。

環球「遊學」的廚師團隊

2017 年 6 月下旬，René Redzepi 在巴塞羅那「世界 50 最佳餐廳」15 周年盛會的酒店會場接受訪問，他剛從墨西哥風塵僕僕地抵步。吃貨們肯定知道，Noma 在墨西哥的圖盧姆（Tulum）開設了快閃店，反應當然毫無意外地空前熱烈，即使餐費索價 600 美元，依然一位難求。快閃店已結束了，但 René Redzepi 仍在當地處理一些後續工作。訪問之前，René Redzepi 在大堂簽收了一個大盒子，當場打開，是一整盒的玫瑰花瓣！他說那是特地從哥本哈根運來的，準備在隔天的演講派上用場，跟觀眾互動。

身為全球最有影響力的大廚，René Redzepi 的風格像個精神領袖，個性慢熱，話匣子要暖場好一陣子後才打開。說到 Noma 這幾年來以遊牧民族的方式做菜：從 2015 年的東京、2016 年的悉尼，來到 2017 年的圖盧姆版本，René Redzepi 承認這種「遷移」對團隊的成長極有幫助：「每次都是一個全新的旅程，人在文化陌生的環境，感官就會被刷新而變得比起平常敏銳，你還得開放自己去了解、吸收和實驗，然後把菜做出來，這過程就像是去遊學，比起旅行的見聞還要深入些。」世上能享此「遊學」經歷的

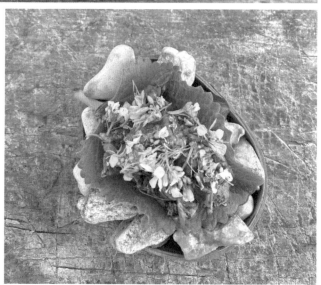

上圖：Noma 不止把食材在烹調上物盡其用，同時首開先河地把素材用在擺盤上：野鴨頭、鴨喙經過清理後成為食器，用來承載炸鴨腦和鴨心他他。

下圖：Noma 2.0 其中一個野味季的菜式：墨西哥奧勒岡葉、糜鹿腦，配上濃縮野兔高湯製成的焦糖醬，以及烤兔油。

廚房團隊，恐怕也只有 Noma，真是羨煞同業。

René Redzepi 看起來頗為滿意「遊學」的成果：「每個去過的地方，其飲食文化對我們做菜的方式都有衝擊。」就好像在東京 Noma 學會了用昆布以及日式高湯？他笑說：「對，後來我們做的一些菜就融入了這些神髓，昆布高湯、昆布鹽。」就是對旨味（umami）的掌握？「對，umami！」這是東方飲食味道架構上非常講究的一環，令食味更有深度，被打通了這一點思想脈絡，Noma 豈不是如虎添翼！又舉一例，Noma 菜品開發總監 Mette Søberg 說，他們從墨西哥帶回了當地品種的奧勒岡香草種子，成功在自家餐廳的天台上大量栽種，用來做菜，便有了墨西哥風味。

最復古的飲食方式

René Redzepi 一開始提倡的料理方式，是徹底臣服於大自然的食材採集（foraging），而這概念已成功推廣至全球，成為餐飲趨勢。或許你也聽過，現在有種職業叫做食材採集者（forager）——他們就是食材的冒險家，為了尋找食材上山下海；而 René Redzepi 作為先鋒，坦言在開始的時候，實踐上還是比較容易的，當餐廳有了名氣，客人四方八面湧至，堅持上就有一定難度，「但還是要堅持就對了。」

除了聘有專業的採集者定時把野外採集所得送到餐廳，René Redzepi 會花很多時間在北歐鄉下旅行，邊走邊觀察，以尋找食材、發掘食材，靠野外提供靈感，「很多時候不只是生長出來的東西，還有植物與植物之間的互動關係，你會推敲到味道的配搭，比方說，菇菌類攀附生長的樹種，其樹香的特質，也許就是那一類菇菌最好的調味料。」廚師，同時也身兼植物學家，從食

材的根本、食材與環境的關係去深入了解味道的邏輯，否則難以
創出耳目一新又合情合理的食味效果。

「我們不是為了另闢蹊徑才鼓勵食材採集，而是這根本就是最古
老也最自然的料理方式，事實上，我們不是走得前，我們只是復

左圖：Noma 2.0 的菜品開發總監 Mette Søberg。

右圖：野味季的野味由獵人捕獲後交到餐廳，菇菌類則由樹林裡採摘而來。

古。」René Redzepi 笑說。對，媒體對他還有另一個形容詞，那就是返璞歸真。「採集是最環境友善的飲食方式，一種食材被過度採集，就採用另一種食材，尊重自然的條件和循環。」譬如昆蟲飽含豐富蛋白質，在以前已被當作食材，直到有了文明，牠們才被摒棄，但因為螞蟻在 Noma 菜式中出現，又讓現代食客趨之若鶩，甚至視之為潮流，一切都必須說是在盛名之下，人們的虛榮心作祟吧？

René Redzepi 對「螞蟻入饌」再平常心不過：「我們不是始作俑者，據歷史記載，人類早有食用螞蟻的飲食習慣。」他曾在錄影中展示如何採集螞蟻：在樹林的草叢中，把手放下去，讓螞蟻密密麻麻地爬滿手掌，然後反手就把螞蟻收集在箱子裡。在圖盧姆的 Noma，昆蟲大量登堂入室：蚱蜢、龍舌蘭糯蟲，還有螞蟻蛋！這一切都不是為吃而吃，而確實是墨西哥飲食文化裡存在的料理，

上圖：Noma 用的瓷器質樸、簡約，貫徹其北歐風格。

Noma 團隊只是發揮巧思，讓這些蛋白質載體更大器地上桌。

從不放棄的實驗精神

René Redzepi 的童年生活在採集中度過。他的父親是前南斯拉夫其中一個國家——馬其頓的移民。1992 年南斯拉夫戰爭爆發前，他們一家人住在馬其頓的鄉下，環境純樸，鄰里關係親密，圍繞著豐富的天然資源，農場、樹林裡的食材俯拾皆是，而且吃得健康，因為都是自己動手做菜。當時並沒有自來水供應，家家戶戶都在戶外提水。如此這般，每個人都很自然地成為採集者，生活單純且原始。「我們去採、去碰觸、去聞、去試味、去連結，採集根本就是很人性化的事情。」1992 年後他們到哥本哈根定居，城市生活常令 René Redzepi 想念從前的日子。可是當時他並不知道，童年生活已在心底埋下一顆種子。後來這顆種子發芽、茁壯成長為大樹。不管 René Redzepi 還是 Noma，如今在世界舞台上，其標誌已不是北歐料理，帶動的早已超越了北歐料理新風潮，而是代表著一種新的飲食價值觀、對我們踏足的土地有唇齒相依的關懷。未來，除了實驗，René Redzepi 更想著眼的是教育，所以他的餐廳在哥本哈根開辦了食材採集行程，讓家長帶著小朋友參與，在這些世界未來主人翁身上培養對待食物的態度：「一定要讓他們了解這些大自然的素材，因為，如果你不夠了解，就不會懂得珍惜。」

至於技術上的處理，北歐料理著重發酵物，René Redzepi 說：「微生物真的很神奇，簡單來看其作用就是保存食物、增加營養成分、促成獨特風味——但在這些類別下細分，就是沒完沒了的實驗。」他早些年和拍檔 Claus Meyer（如今已拆夥）在哥本哈根成立了開發北歐料理新味道圖譜的實驗室：Nordic Food Lab，以

研發新味道為使命。團隊會在野外採集未有食用紀錄的植物，回到實驗室進行一連串如酸鹼測驗、溫度反應、發酵成果等等的測試，看看能不能將材料轉化成新味道。「10 個實驗，可以 10 次都是失敗，比例很高。」最後能用在廚房裡做菜的植物，少過10%。儘管如此，團隊依然孜孜不倦，因為只要成功了一次，成就感就會成為一種動力，「譬如我們成功研製了芹菜醋，這是一位科學人員本來說不可能的，因為芹菜本身有一種成分能抑制微生物的生長，無法得出發酵成果。後來我們意外發現以紫外線照

上圖：Noma 2.0 菜品開發實驗室裡的布告板上貼滿了每一季正在研究的菜品，以及所配搭的食器、擺盤方式。

射能消除芹菜的這種成分，有了解決方法，就研製了芹菜醋，成了世上的新味道。」可以想像嗎？這醋在料理中，可能只是一個較次要的味道輔助，但已需經歷千錘百煉。這種精神、努力，根本就在推動著飲食文明的發展。

探索味道的未來

Noma 4 度稱霸「世界 50 最佳餐廳」榜單的榜首，連帶改寫了哥本哈根的命運，帶動了當地的餐飲業發展，在短短 10 年間一躍而成為國際上首屈一指的美食城市。Noma 這位龍頭大哥並沒有因此參與時下潮流，大搞聯手餐宴、運用自己的名氣到處開分店，而是持續著前進的腳步，在料理領域裡開疆闢土，繼續發揮領軍人物的角色。2019 年初，René Redzepi 和時任發酵實驗室總監 David Zilber 一起出版了一本書 *The Noma Guide to Fermentation*，中文媒體一般這麼介紹它：「Noma 的發酵聖經」。事實上，打從 René Redzepi 接受媒體訪問的第一天，就毫不掩飾他對發酵的熱愛！讀過一位作者寫的：「在 Noma，發酵就像平底鍋或烤箱，是廚房裡的必備『道具』。他們建立專門實驗室，透過團隊研究米麴黴、乳酸菌、嗜熱鏈球菌等微生物能創造出什麼腦洞大開的菜品，讓整個菜單建立在發酵食物之上，幾乎每一道菜，都需要至少 80 至 90 個小時的準備。」

「成立了這個發酵實驗室以後，我們就開始創意大爆發。」儘管做著革命性的事情，但他們毫無「革命」的本意：「自古以來人們便通過發酵方法保存食物」；「透過發酵物，做菜會更好吃也更容易」；「透過發酵會找到更多做菜的可能」；「發酵物的突破，也會令料理取得突破」，René Redzepi 和 David Zilber 異口同聲表示，彷彿不知外面的世界已因為他們掀起了翻天覆地的發酵熱

潮。未來的路會走到那裡不知道，但 René Redzepi 認為發酵是味道的未來。

無私分享

Noma 2.0 於 2018 年 4 月在新址重新開幕，René Redzepi 說其實把舊址裝修一番重新出發也可，「但我就是想要打造一個校園。」他做到了，Noma 2.0 根本不是一家餐廳，而是一個村落，壯觀程度絕對令人嘆為觀止。這裡曾是皇家海軍的倉庫，旁邊的潟湖把這片土地隔絕而自成一國，帶點遺世獨立的姿態。這裡的建築群由 7 棟建築物組成，各自獨立但又能連結，裡頭包括發酵實驗室、種植溫室、主餐廳、焗烤室等等，設計概念上採用了大量的落地玻璃，好讓自然光盡情透入，配合周圍岸邊蘆葦隨風飄動的氛圍，

左圖：Noma 發酵品的冰山一角。

右圖：Noma 2.0 的休閒室，戶外跟人一樣高的蘆葦成為最美的布景。

可想而知有多漂亮！景觀隨著四季變化，根本連畫也不用掛。

為了推廣他們的發酵理念，Noma 在 2019 年末辦了兩場發酵工作坊：一場邀請了傳媒，另一場邀請大廚，以分享知識——這種無私是令人感動的，特別是後者，在某些場合他們可能是競爭對手，根本沒有必要大方傳授自家不惜人力物力、傾注心血、辛辛苦苦研究得來的心得與成果，但他們卻如此樂意。可見什麼人做什麼樣的事情，難怪 Noma 不止是一家好餐廳，更是偉大的餐廳。畢竟，是要狹隘地帶著敵意把其他同行視作競爭對手來戰

上圖：夜裡的 Noma 別有美態。

下圖：Noma 2.0 餐廳室內與室外連成一體。

勝，讓自己立於不敗之地，還是資源共享互惠互利，壯大整個行
業，要看你有沒有能力站在一個高度去看整件事情。當然也要足
夠開闊和自信，才能擁有這個高度。

很多朋友都說，Noma 的氣氛像一所校園，人人都有憧憬與夢
想，不計較付出與犧牲去成全一個人、一件事。確實，當我在夜
幕低垂離開之際，整個團隊在門口為你熱情送行，抱了又抱、親
了又親、再見了又再見，讓人動容。那一副副臉孔的風霜深淺不
一，但情懷是一致的。也許只有在 Noma 才能做到：願你出走半
生，歸來仍是少年。

上圖：我和好友 René Redzepi 攝於 Noma 2.0。

STORY 5

新紀元

引領法式甜點

Cédric
Grolet

說起最當時得令的法國甜點師，

如果你尚不知道誰是 Cédric Grolet，抱歉，

得罪也要說一句，你可能算不上一個吃貨，

但絕對來得及惡補——

只要去 Instagram 一看，175 萬的粉絲人數，

每發一個帖都輕輕鬆鬆拿下 3、4 萬個 like，

已經印證了這位新崛起的甜點師銳不可當的氣勢。

但他並非網紅，而是他在專業上所得的多個獎項認可，

把他推上了一個又一個的事業高峰。

Cédric Grolet 獲得獎項包括：2015 年最佳甜點師（*Le Chef* 美食雜誌）、2016 年最佳甜點師（Relais Desserts Awards）、2017 年最佳甜點師（Omnivore Festival）、2017 年全球最佳餐廳甜點師（Les Grandes Tables du Monde）、2018 年最佳甜點師（Gault & Millau）、2018 年全球最佳甜點師。

上圖：對於自己在法國甜點史上扮演一個怎樣的角色？Cédric Grolet 笑言自己是個純粹想把作品做到最好的人，沒有想得那麼多，倒是有個夢想，希望有朝一日，把個人品牌的甜點店開到全世界去。而酒店投資他的首家甜點專門店將在巴黎第一區開幕。（圖片由 Pierre Monetta 提供）

點滿廚藝天賦的少年

他在法國中部的羅亞爾河谷（Loire Valley）長大，這裡是法國入選聯合國教科文組織世界遺產名錄的最大面積景區，有著名的羅亞爾城堡群、廣闊無垠的葡萄園，古老村莊和小鎮圍繞在河谷四周……Cédric Grolet 的成長環境得天獨厚：陽光充沛，食物新鮮甜美，有上好的紅酒、乳酪、花蜜，餐桌的顏色鮮艷濃烈，鄉民單純，熱愛生活，樂於分享。他跟母親感情深厚，而祖父母開設餐廳，他從小就在裡頭玩耍，13 歲正式成為廚房學徒，14 歲已一頭栽入甜點的世界，令他後來立志成為出色的甜點師。看似一帆風順？「事實上，我從小不愛唸書，成績很不好，如果被老師點名回答問題簡直想哭出來。」上學和課業，對 Cédric Grolet 來說是一種折磨，反而讓他提早進入廚房工作，開闢了自己的天地。再次應證，正統的教育路線，並不一定適用於每個人的天賦。「法式甜點都有漂亮的造型，那是一開始我最著迷的地方，現在呢，造型對我來說固然重要，但可以透過技術做出來，那些千變萬化的質感和味道更令我欲罷不能。」

有夢想的人，無不嚮往巴黎。21 歲的 Cédric Grolet 來到巴黎發展，當時進入了百年品牌 wFauchon 工作，而他的崗位是負責製作馬卡龍，「我都快發瘋了」，今天的他終於可以笑著回顧每天跟幾十公斤麵糊作戰、歷時一年半的考驗。後來又被派去做麵包的崗位，之後他才得以進入了產品研發團隊，專注於甜點。當時的統帥，乃是今天有名的閃電泡芙教主 Christopher Adam。有篇文章引述當時的同事 Christophe Appert 對 Cédric Grolet 的形容：「他對工作的熱誠不分晝夜，投入的時候會忘記時間，在不同崗位都接受過磨煉，即便那是他不喜歡的工作、很糟糕的狀況，他都可以沉著應付和堅持，當作學習經驗，所以他能不斷自我超

越。」絕佳的做人態度和心理素質，早已顯露。

受法菜教父啟發　成為轉捩點

刻苦耐勞、韌性十足、技術超群的他，很快被委任於產品研發和培訓部門兩邊遊走，曾被派去北京、杜拜、摩洛哥等地幫忙培訓設點的團隊，周遊列國的經驗急速豐富了視野。離開 Fauchon 以後，Cédric Grolet 來到著名的皇宮酒店 Le Meurice 擔任甜點副主

上圖：Cédric Grolet 的成名作「魔術方塊」，乃是 8 年前所創作，每年他都會注入新技法和思考來進化，這是「第 6 代」，2017 年的版本。他說，創作的靈感來自於小時候在車上常常把玩這小玩意，童年的歡樂令他突發奇想，再透過技術化為現實。（圖片由 Pierre Monetta 提供）

廚，後來因為主廚的離職，他被擢升，並遇到一位啟蒙貴人，成為一生的轉捩點——適逢 2013 年，法菜教父 Alain Ducasse 接手酒店的 fine dining 餐廳，而菜單上的甜點由 Cédric Grolet 負責。

「他要求非常嚴格，說我的甜點技術已經很好，但這是不夠的，因為技術好的廚師大有人在，並無代表性。他希望我多在甜點的風味、個人風格這兩個層面下功夫。」跟教父的磨合令他備受挑戰，但這個過程也令他直接開竅，繼而成就了今天的自己：「Alain Ducasse 其實不太喜歡用糖，他建議我能不能捉住低甜度、把原材料天然風味發揮到極致這兩大特點，然後把味道做出來。」還有一個重點，那就是要求他製作的甜點能夠帶來「感官的刺激」——「那種感官刺激，會帶動五感感知。」

看看 Cédric Grolet 今時今日的甜點：仿真水果的精緻外形、打發甘納許（ganache montée，朱古力忌廉）的「流心餡」、以香草撞擊提升水果的風味……一入口即有爆炸點，水果的濃縮滋味席捲而來，整個流心餡如浮雲、如空氣般乍現後化作無形。個人風格顯著、美味有記憶點、甜度很低所以吃再多也不膩口，這一切特質，可說是超額完成 Alain Ducasse 的要求！你說他是天才？背後卻是夜以繼日反反覆覆實驗、千錘百煉的成果！

Cédric Grolet 曾在訪問中表示：「如果有一份傳統食譜來到我手中，我會將之改良。」那麼，傳統甜點，對他的意義是什麼呢？「是巴黎甚至法國的必需品，是不可或缺的文化。」他並非為了凸顯自我而改良：「保留法式甜點的 DNA（基因）還是很重要的，因為這是它的根，我只是想把甜點做得更輕盈更細緻。因為

右圖：仿水果外形、以鮮忌廉和溶化朱古力打發的甘納許，加上經過醃漬濃縮了風味的果肉，形成「流心餡」的系列產品，已成為 Cédric Grolet 的招牌作。（圖片由 Pierre Monetta 提供）

時代在改變，對美味的認知也有所不同，我們現在不需要依賴太多糖分去製造美味，而是從技術、從比例、從素材著手去重塑味道，這是進化的意義。」Cédric Grolet 說他的甜點哲學是，不要重複別人做的，而是要有自己的理念和創造，譬如他的甜點都是單一主要素材，從不混合味道，而是想辦法把味道發揮到極致，讓客人明白吃的是什麼食材，以及食材原來的味道。

重賣相　更重味道

對於 Instagram 上許多世界級名廚都難以企及的粉絲人數，以及

左圖：Le Meurice 酒店著名的達利廳（Le Dali）所供應的下午茶，因為 Cédric Grolet 的甜點而長期滿座，一桌難求。

右圖：Cédric Grolet 開在 Le Meurice 酒店轉角的甜點專賣店 La Pâtiserrie du Meurice par Cédric Grolet，是由酒店投資，以他掛名的店舖。他個人品牌的甜點店則開在 Opera 區。

目前被全球甜點界爭相模仿的作品，以一個只是 35 歲的酒店甜點主廚來說，Cédric Grolet 可說是創造了一個時代的傳奇。Cédric Grolet 坦言經營 Instagram 真的很重要：「它為我打破了地理的限制和藩籬，讓全球各地的人看到我的作品，讓更多人可以跟我接觸，也帶來許多新客戶。我真的很注重甜點的賣相，那樣放出來才會引起注意啊！」不過，關於味道，他還是會堅持，「有時候做出賣相很漂亮但味道不夠好的甜點，我就會很沮喪，也不想放上網，因為不符合我的標準。」那麼 Instagram 上一張張堪稱素質專業的漂亮照片，是誰拍的呢？「我啊！」他有點得意地笑起來。

上圖：我在巴黎 Le Meurice 專訪這位甜點界男神，合照在網上一貼出便引起一眾女粉絲尖叫。

STORY 6

蔬食之神和他的魔術手

Alain
Passard

陽光充沛的巴黎午後，夏末天氣已帶點
秋意的微涼。中午 1:30 準時抵達餐廳，
裡頭座無虛席，沸沸揚揚地上演人間煙火。
侍者把我領到我的「一人前」座位，
隔壁坐了一桌亞洲人，我和他們的座位之近，
可以清楚聽見他們聲量不高的談話。
對於一家米芝蓮三星餐廳來說，這規格是有瑕疵的，
但似乎沒人介意。當然，許多富豪貴客到來，
都是在他們的酒窖裡包廂，沒有擾攘的問題。
坐下以後，喝口水，低下頭刷手機，忽然感覺到有人拉起
我愛馬仕披肩的一角，像是在研究材質和圖案般，
細細把玩。我抬頭去看那不知什麼時候來到桌邊的人，
眼神對上，他看到我眼裡去，對我微笑。

他是 Alain Passard，餐廳正正是他的聖殿，L'Arpège。饕客必然知道這是一家保持了米芝蓮三星 24 年之久，同時在「世界 50 最佳餐廳」連續兩年（那就是 2018、2019 年）排名第 8 的名店。

Alain Passard 是蔬食菜式的革命性倡導者，已是公認的「蔬食之神」，2、30 年來，大家不是模仿他、追隨他，或是啟發自他，卻沒有大廚能在蔬食料理的創作上掀開新的一頁。來自俄羅斯的 Twins Garden 天才型的原創性，讓我看到新一代蔬食之神的誕生——但如果把法菜世界的蔬食革命或影響力全然歸功於 Alain Passard，又未免有欠公道，因為法菜裡頭還有一位蔬食之神，Michel Bras（他的兒子 Sébastian Bras 2 年前決定將他們家的米芝

上圖：Alain Passard 喜歡跟客人互動，如老友般絮絮攀談，待人親切熱情，個人魅力亦是餐廳魅力所在。

蓮三星餐廳 Le Suquet 退出米芝蓮評選而轟動全球美食圈），比起 Alain Passard 略為年長資深，他的蔬食哲學、創作，至今仍在影響後代的許多廚師。Michel Bras 的經典作品便是 Gargouillou 沙律，一道沙律裡集合了超過 20 種的時令蔬菜、豆類和香料，不同蔬菜、豆類以不同烹調方法先處理過，並以不同素材份量的精準把握，層層堆疊出大自然賜予的豐富厚實滋味，各種口感、風味、香氣的更迭如手風琴隨著風箱開合延綿迴旋的樂章，舌尖上盡是千言萬語也無法形容的溫美馨甜。這道 Gargouillou 沙律能應用時令及地域食材來調整食譜，充分表達季節與風土，包含高層次技術含量，創作彈性空間大，集合這幾個要素，因此風靡整個西方餐飲界的廚師。現在即便是在意大利菜、西班牙菜的 fine dining 餐桌上，都會見到 Gargouillou 沙律的再創作身影，更不用

上圖：（左起）Alain Passard、我、比利時名廚 Christophe Hardiquest。

說早已獨立成派的日式法菜了。

至於蔬食之神 Alain Passard 在 1990 年代末在他的菜單放棄了肉食，專攻蔬食料理，此舉引起法國甚至整個歐洲餐飲界的轟動，尤其是當時他的餐廳已摘下米芝蓮三星好幾年，只要在安分守己的範圍內做一些創新，守住三星並非難事。但他受到熱愛大自然以及一個念頭的驅使：我要成為製作所有原始食材的大師，就一頭栽入了蔬食的世界。

記得之前在泰國曼谷跟前香港四季法國餐廳 Caprice 的總廚 Vincent Thierry 一聚，談起了 Alain Passard，他說到：「當時他的做法在法國

上圖：Alain Passard 的立體玫瑰蘋果批帶來無數美好啟發。大約是 10 年前吧，他突如其來的想法：把切成長形薄片狀的蘋果捏成一小朵一小朵的玫瑰狀，鋪滿整個批面再拿去焗烤，成功打造至今仍為人津津樂道的經典之作：玫瑰蘋果批（Tarte au pommes bouquet de roses），並註冊了專利。經大師的魔術手點石成金，從此，蘋果有了玫瑰的形象，成為不同甜品師的靈感泉源。

受到了很多質疑和批評，堅持下來並不容易。」從來，努力走自己的路而不去做別人，這樣的人只佔少數，而且也未必會成功。所以，不管什麼界別，最傑出的少數人，才能成為真正的大師。

蔬菜蘊含的無窮創造力

對於當時的決定，Alain Passard 可說是義無反顧的。他說自己 14 歲入廚，到了 40 歲左右，開始覺得自己對於肉食料理的掌握已到了瓶頸，難以突破，這種感覺令他分外難受。出自於對大自然的熱愛，他一頭栽進了對蔬菜的研究，而蔬菜的多元以及多樣性令他倍覺具有挑戰性而無法自拔。「蔬菜給我的創造力無窮無盡，這是肉類無法給予我的。」因為蔬菜的風土性強，蘊含許多

上圖：Alain Passard 不管在什麼地方演繹都從未失手的紅菜頭他。

細微末節的變化，廚師無法一成不變地去處理食材，所以 Alain Passard 做菜不強調食譜，他說他廚房的食譜每天都有變動，需要視乎食材當天的狀況來調整，才能讓它們發揮到極致。

一個能夠自我連結的人，似乎也特別有靈性，Alain Passard 說料理蔬菜和肉食攜帶的能量很不同，料理蔬菜令他覺得心情平和、自在、舒服、順暢。「做肉食的感覺，比較躁動。」後來我在另一個訪問讀到，那一次他形容得更為貼切：「在更深的層次上，在蔬菜方面所做的工作使我意識到烹飪肉類原來引發出我個性中的侵略性。」

2018 年 5 月，他到香港賽馬會擔任客座廚師，我也有捧場；2019

上圖：索契 Gastreet Show 美食節這個年度活動，促成了 Alain Passard（中）和 Twins Garden 做聯手餐宴的契機。

年，我在俄羅斯索契出席他和 Twins Garden 的餐會——不管從巴黎、香港到索契，有道菜是重疊的，那就是他的名菜「紅菜頭他他」。哎，真的好厲害，不管他用什麼地方的紅菜頭，調味從未失手，總能把紅菜頭他他做出牛肉他他那種肉味的飽滿度來。他當然會根據當地食材狀態來調整他的調味（他的一貫做法），來達到一致的水平。這一道菜讓我體會到，最新鮮的優質食材在烹調裡至為關鍵，但不是一切，如果你掌控不了發掘、操縱素材特質的手法，你頂多是讓食材忠於自己，然而尚未發揮出作為廚師的價值。

來自恩師與家人的啟迪

Alain Passard 的啟蒙老師是跟他同名的 Alain Senderens。1970 年代末，他進入 Alain Senderens 的 L'Arquestrate 工作，並且跟他結

上圖：L'Argège 位於巴黎第七區，羅丹美術館的對面。30 多年來，Alain Passard 很滿足於專注一家餐廳的經營，從未考慮在海外開任何分店。

下不解之緣。1986年，Alain Passard 覺得時機成熟，想開自己的餐廳，碰巧 Alain Senderens 要退休，他便買下了其餐廳，重新裝潢，並將自己的餐廳取名為 L'Argège。「雖然我只追隨了 Alain Senderens 3 年，但他對我的影響是一輩子的，我對這個地方的感覺特別強烈，認為我可以在這裡延續自己的烹飪故事。」

Alain Passard 說，在 Alain Senderens 之前，他從不同大廚身上學到扎實的烹飪基礎，但 Alain Senderens 啟發他怎麼運用創意去面對烹飪這回事。「他是那種可以把鴨肉、龍蝦和芒果擺在同一道菜裡又能做得好吃的廚師，這點很了不起。他重視所有細節，同時具有前瞻、前衛的思維，我被這點深深吸引。」Alain Passard 說起恩師雙眼發亮：「他是可以改變既定思考和傳統認知的大廚，大膽嘗試，但運用烹飪技術處理得效果出眾。我在他身上學會要時刻懂得用新的眼光來看待食材和料理，保持著求知求變的心，

上圖：Alain Passard 在他的畫廊裡接受訪問，畫廊跟他的餐廳毗鄰。

不要自我局限在已經知道的東西當中，總要有不停實驗的精神，
這裡試試，那裡改一改，就會不斷有新想法湧現。」

創意以外，Alain Passard 也看重激情與手法，「只要你有激情，你
可以克服一切難題。所以妳問我當初放棄肉食轉攻蔬食的時候，
最大的困難是什麼？我真的只能回答沒有。因為只要你懷著激
情，你就可以開懷地應對一切。」難怪他面對新冠肺炎疫情也沒
有任何不開心，就當作放自己一個長假。疫情自 2020 年 3 月在
法國爆發，他就選擇了將餐廳休業，然後長時間待在他的農莊種
菜、做菜，被大自然沐浴，自得其樂。

上圖：Alain Passard 一共擁有 3 個農場，這是其中在諾曼第的農場。（圖片由 Melissa Tse
提供）

上圖：農場的蔬果除了供應自家餐廳，也給客人提供訂購蔬果籃的服務。（圖片由 Melissa Tse 提供）

下圖：Alain Passard 的辦公桌。一瞥他正在進行的拼貼活。

那手法是什麼？「手法這回事真的很難解釋，手法是有詩意的，它必須柔軟、敏捷、靈巧、對食材有觸覺，手法必須是日復一日地練習累積的，你每天運用，就會培養它。」Alain Passard 強調手法，跟他的成長環境脫不了關係。「我的母親是裁縫，父親是音樂人，還有一位叔叔是雕塑家。」祖母則是優秀的廚師，總是為家人做出感動人心的料理，「她教會我聽燒烤時火與木柴燃燒的聲音，她說火在唱歌！」他和哥哥從小的衣著，全由母親一手縫製，母親的愛總是一件件地穿在身上，也滋養了他的藝術感。Alain Passard 本身也玩色士風，還有畫畫、作拼貼（collage）、雕塑……「只要我的手在活動，我就有許多靈感湧現。」

蔬食之神的經典佳作

稱 Alain Passard 為「蔬食之神」其實一點也不過譽，因為他烹飪技術的深度、掌握能力的爐火純青，不但能夠讓食材的味道盡情發揮，甚至能開發一些你沒見（吃）過的潛能，這一點非常驚人。他的菜總能帶來啟發性的視野，需要記錄。

Alain Passard 的沙律，確實是我人生吃過最美味也最具啟發性的沙律，沒有之一。眾所周知，他的餐廳的蔬果香草都是每天早上從他巴黎郊區的農場收割送抵，鮮美程度無庸置疑。乍看平平無奇到極點，入口卻震懾了我，原來如此不落俗套！菜葉是苦的，但用上焦糖醬調味，魔法就出來了：焦糖味本來就是鹹甜交集，還有「焦」的微苦，菜葉的清鮮苦味碰上焦糖的味道層次，在味覺上呈了一個三角形的交匯。當中兩種苦味：一新鮮一煮過的重疊交集，再在鹹味與甜味的帶動下，立體感馬上出來了，菜葉的苦也因此產生了細緻變化，變得和諧優雅。焦糖的稠腴，令菜葉口感順滑。甘甜的餘韻，隨著這樣的滋味起伏，慢慢滋長，並且

在口腔逗當良久。後來跟好友 David 談起這道菜，心裡更讚嘆，從未遇過一位廚師，懂得以另一種苦味帶動主食材的苦味，然後竟然得到「負負得正」的效果。這就是 less is more（少即是多）的極致演繹，很簡單的菜式，但已瞥見一個廚師的敏銳。

青瓜凍湯配芥末「雪糕」，以及過場菜的粟米濃湯配熊蒜忌廉，看似截然不同的兩道菜，在我眼中卻是掌握了同一概念或方程式下的兩生花：一凍一熱的兩道湯品，雖然「主角」分別是青瓜和粟米，但味道的核心卻鎖在那兩撮媒介上：「雪糕」和忌廉。前者說是雪糕，其實牛油成分頗重，說是芥末牛油也不為過；後者是沒花沒假的忌廉——這兩者的乳質穩妥地鎖住了香氣和味道，當它們溶入湯裡（液體）被釋放出來，就像是一個味道的小炸彈爆開了，也像是投在水面上的石頭，激起食味的一波波漣漪。這樣的手法確是不凡，當乳質溶於湯內，香味、食味熱烈地綻放，會帶來一個程度的感官刺激，而兩種溫度交融之際，就有了層次感的起伏變化，滋味層層開展跌宕，口腔裡有了一個味道的小山丘。

這兩道菜絕對是教學示範之作，但不是它們的食譜，而是充分表現了如何捉到味道的核心，以這個核心去製造互動——很多年輕的法菜廚師，對於味道核心都捉不準，菜不是做得差，但就是感受不到盤中素材的連結和互助，總是較多處在貌合神離的狀態。另外，值得一提的是，熊蒜忌廉配粟米濃湯，其辛辣微嗆，竟然讓粟米的甜美，推出了一層 umami（鮮味）的味道，很有「吃肉」的感覺，雖然這不是肉。

還有一道我很喜歡的番茄清湯三色餃子——餃子的餡料視季節食材而定，所以時有變化，但其中一款多數有紅菜頭，而用在番

茄清湯的香草，則會視乎餃子餡來作調整。有一次，我的餃子餡分別是紅菜頭、芫荽和芹菜，用在清湯給予香氣的香草是馬鞭草和茴香。我邊吃邊微笑，這般氣息、這般元素，儼然是咖喱香料的新鮮固體版，根本就是在以法式邏輯和技術做蔬菜咖喱嘛！當馬鞭草和茴香碰在一起，我才發現，原來馬鞭草和香茅的氣息如此類近，但我從來沒有把它們聯想在一塊。我當場推測，Alain Passard 平常愛吃的美食裡，一定有一道是咖喱菜式，這想法也在後來獲得了證實！

發揮食材的潛能

因為 Alain Passard 是「從農場到餐桌」飲食理念的倡導者之一，所以今時今日，他在巴黎郊外的三座嚴格遵從生物動力法則的農場、每天早上收割後直送餐廳的蔬果香草、從沒在冰箱過夜的食材，仍為人津津樂道。深耕蔬食 20 多年，這位蔬食之神的影響力是無遠弗屆的，許多廚師因此而分外著重自己種植蔬菜，講究蔬菜的自然生長性質，強調有機，即便沒有農場，也要有個空地自己種菜；西餐廚師開始鑽研純蔬菜菜式並把它們列在菜單上。關於這點，Alain Passard 是自豪的。坦白說，如果把焦點放在他的最優質食材上，而沒看懂他做菜的手法，實在有點對他「評價過低」。吃過了不同擁有自家有機農場的星級廚師的菜，吃出了一個心得：在這個年代，備有「自家有機農場」這個資源的名廚不少，但只有非常少數，甚至僅有一兩個廚師，能將這些優質食材的味道發揮到最高點。而我也提過了，這位「蔬食之神」驚人之處，是能找出食材從未展現過的面貌、味道，把潛能逼出得超越它本身。

左上圖：最簡單的沙律蘊含著廚師對味道的敏銳觸覺和洞悉力，就好像一代宗師的三兩下拳腳，就完勝了那些舞刀弄劍的人。

右上圖：我稱這道番茄清湯三色餃為「Alain Passard 的法式蔬菜咖喱」。

下圖：青瓜凍湯配芥末雪糕（左）、粟米濃湯配熊蒜忌廉（右），在運用了同一概念下靈活展現了不同面貌的兩道湯品。

再舉一例，有一次在 L'Arpège，我 14 道菜的午餐裡，有兩道的主食材是重複的，那就是粟米，一道是粟米濃湯配熊蒜忌廉，另一道則是粟米 risotto（意大利燴飯）——那就是以粟米粒代替米飯去做這一道菜。前者，熊蒜的辛辣，加上奶油感，把粟米推出了一層較深的鹹味，再顯現出一種 umami 的味道；後者，醬汁裡加了 Sabayon（沙巴雍）。一開始我以為是 Jura 黃酒，當場問大師，他說是 Sabayon，啊，那就更好地解釋了我的想法。Sabayon 是一種源自意大利的甜醬，用甜酒、蛋黃和糖製成，後來發展成一款甜品。酒味的圓潤感相當突出，所以我才會猜

上圖：Alain Passard 也會在農場接待客人，提供跟餐廳不一樣的菜單。（圖片由 Melissa Tse 提供）

是黃酒，因白酒即便是用在烹飪上，香氣和味道還是比較尖銳的。Sabayon 裡的甜度和厚度，令粟米的甜產生了變化，底韻厚了一些、味道深一些，而輕微的酸度，則令這一層甜度變得甘美馨瑩。Alain Passard 對味道的觸覺，調味用對了素材，就能達到一石二鳥甚至三鳥的效果。吃到這道菜的時候，這樣的手法令我會心微笑，正如以新鮮沙律配焦糖醬，以焦糖的微苦、鹹、甜去帶動菜葉的苦，也是同一邏輯，最重要的是不落俗套，簡單裡見極致。

十圖：粟米 risotto 裡頭的醬汁底韻是 Sabayon，醬汁裡的圓潤感，酒味的酸甜度、香氣，讓粟米的清甜變得馥郁熟艷，薄荷的清新感則令食味輕盈。

粟米從來不是我特別喜歡的食材，不管是多優質的粟米，總覺得欠缺了個性，一味天真爛漫、平鋪直敘的香甜，沒什麼值得發掘的內涵。而中外廚師處理粟米，從來，必須強調是從來，沒遇過能令人眼前一亮的手法，都是忠於原味的做法。懷石料理中，最常見的是粟米配蟹肉然後以一個出汁啫喱作調味，清甜配鮮甜的概念，很容易討好食客的味蕾，不會出錯，所以一直重複著。這脾氣溫馴、個性平庸、傻咧咧的甜美食材，來到 Alain Passard 的手上，變得稜角分明，搖曳多姿。熊蒜忌廉的蒜勁、辛香，還有奶油感，讓粟米濃湯整體釋放了一種類近 umami 的食味；粟米

左圖：2018 年年末，Alain Passard 又創出了別具巧思的新作品：「鴿吞羊」（Chimere），靈感取自德國藝術家 Thomas Grünfeld「半鴿半羊」的畫作 Chimere，他以蝴蝶式剖開的鴿子，包著羊架縫合後拿去燒烤，羊肉與鴿肉互相吸收了彼此的味道、氣息，成為新的「肉味」。

右圖：Alain Passard 的雞，稻草的薰香裊裊，皮薄且脆，雞味純淨但肉甜夠深，肉質結實卻細嫩。

risotto 的 Sabayon 則令粟米粒的香甜成了二重奏的高低延展，最後呈現出飽滿熟艷的一面。從沒有在其他大廚手上，看過粟米有這樣的潛質。

飲草藥汁的雞

雖說 Alain Passard 是「蔬食之神」，但他處理肉食的功夫一樣登峰造極，畢竟他在 1980 年代開始就以領先於同業的極致紅肉處理技術闖出名堂。而他今天對肉類、海鮮的質感和熟度的拿捏仍保持在狀態，當今世上也許只有西班牙名店 Asador Etxebarri 能夠與他一較高低。他的雞肉，肉味乾淨的同時，肉甜很深，肉質結實但細嫩，是我吃過最好吃的雞肉之一。當時一入口，腦海和味蕾馬上浮現布列斯雞、patis chicken，還有其他法國雞的 data（資料），以味覺的經驗判斷，統統皆非，因為之前吃過這些雞的雞味，都沒有那股純淨的氣息，猜想有可能是他自家農場飼養的雞吧？果然不出所料，後來跟他聊天時問起：「為何雞肉的味道如此乾淨？雞隻的飼料是什麼呢？還有就是，這些雞養了多久才宰掉呢？」大師的回答馬上把我的疑團解開：沒錯，這正正是他農場養的雞，養的日數是 5 至 6 個月——所以雞味足、肉甜深。雞隻的飼料是自家生產的有機穀麥，更精彩的在後頭：原來，這些雞會被定時餵飲草藥汁，以幫助消化！我當場笑出來：大佬，把雞當人來養，吃有機食物，還要排毒，難怪肉味如此純淨呀。

Alain Passard 的菜式統統沒有用力的痕跡，味道組合極有想像力，揮灑自如中精準演繹，菜式裡抽象與實在的同步與進退，如探戈曼妙迷人，而擺盤色彩繽紛有活力。法國菜因為他開始創建正式的蔬食料理系統，這一點他絕對是名垂千古的。

STORY 7

先鋒

多重感官餐飲體驗

Heston
Blumenthal

米芝蓮三星名廚？

「世界最佳 50 餐廳」機構頒發的終身成就獎得主？

電視明星大廚？

當他開口跟你講話，

你就會很自動地把這些凡塵俗世的身份都拋下，

因為你只會覺得自己遇到了一個本質不屬於地球的智者。

Heston Blumenthal 從不自詡為誰，

但只要接觸過他，就明白他根本不像凡人，

十足墮入地球的外星人。

他的頭腦結構肯定是異於常人，

才會有這樣前衛的思維方式。

他說：「物質世界和精神世界的宇宙本來圍繞著共同質心運轉，但隨著科技發展帶來的方便，令人類的惰性已不受控制，兩個宇宙已偏離軌道的穩定運行，阻隔了人類對生命本質的了解，食物變成填補空虛的管道，在意識裡被認知為一種犒賞機制，然而這種犒賞機制也會因為人類惰性帶來的麻木而漸漸失效，最終就是進化停頓的開始。」

剎那傻眼，請問眼前的人是一位廚師？

一場旅行帶來的人生改變

意識，是 Heston Blumenthal 目前最關注的課題。進入抽象之前，

上圖：Heston Blumenthal 於 2017 年 4 月在澳洲墨爾本領取終身成就獎時在台上發表演說。

我們不妨從真實的背景去了解他。「外星人」的出身，不過是英國一個平凡的小康之家：父親開公司經營辦公室用具買賣，母親是家庭主婦且能做得一手好菜，但是並沒有激發他任何下廚的欲望，直到 16 歲那年——「爸爸那年的生意相當理想，於是決定帶我們到南法度假。」在這之前，他們一家人的暑假都是在英國西南部的康沃爾（Cornwall）海邊度過。一次旅行，改變了他的一生，因為父親把他們帶到一家米芝蓮二星餐廳，L'Oustau de Baumanière 享用晚餐。有人幫他們停好車子，走上台階，看到遠處的懸崖邊有家農莊，蟬聲拋出聲浪的漣漪，陣陣薰衣草香氣來襲，只是空氣已可醉人⋯⋯這都是他記得的細節。最直搗人心的，當然是食物：酥皮羊腿、番茄羅勒煮鯡鯉⋯⋯「酒單對我來說猶如一張排行榜，芝士手推車像一台戰車般出場。」

一切歷歷在目，那次經驗讓他徹底迷上美食，回到英國以後瘋狂搜尋法國食譜，甚至依靠著英法字典一字一句自己進行翻譯，去讀懂了法國新式烹調先鋒 Troisgros 兄弟的經典作品 *Nouvelle Cuisine*。再年長些，他開始在家中廚房沉醉於實驗不同食譜，靠著打多份工存錢上好的餐廳見識。「很多時候，存了好幾個月的錢，吃幾頓飯就沒了。」他哈哈大笑。

過後的故事比較為人熟知：他買下了倫敦市郊 Bray 一家破落的小酒館，著手將之改裝成餐廳，這家餐廳，就是如今舉世聞名的 The Fat Duck。這些年來，老饕們不惜千里而來，默默無聞的 Bray 亦聲名大噪。Heston Blumenthal 以分子料理技術結合多重感官餐飲（multi-sensory dining）體驗震撼世人。當有的人以為，這是當時追趕分子料理潮流下一場成名方程式的精密計算，對 Heston Blumenthal 來說只不過是想還原當天在南法用餐經驗下的格局突破：「這裡沒山、沒水、沒噴泉、沒山谷、沒橄欖樹、沒

薰衣草，只有一個小廚房、老舊二手廚房設備，有一扇門，開門就是馬路。」他面對的是殘山剩水。然而境不轉，人轉，Heston Blumenthal 開始嘗試以創意和技術去衝破限制，希望把山啊、水啊、風啊、香氣、聲音等優美環境的元素，透過餐桌表達，濃縮為菜單感受的一部分，而不是用嘴巴去吃而已。

左圖：Rice and Flesh 本來源自 14 世紀的食譜，只記錄了用肉但沒有寫明哪一種肉，Heston Blumenthal 在墨爾本的餐廳便以地道的袋鼠肉來發揮。

右圖：源自維多利亞時期食譜的「Meat Fruit」，經 Heston Blumenthal 稍微改良後推出，結果大受歡迎，活化了古菜。

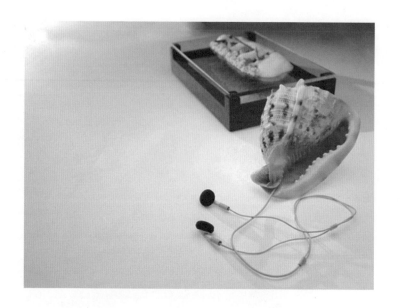

他慢慢累積經驗去改進，聲名遠播——經典作品如「Sound of the Sea」，上菜時亦附上 iPod 和耳機，每位客人聽著海鷗聲、浪潮聲去享用海鮮菜式，在聲音的帶動下令盤中滋味靈活淋漓，至今仍讓客人津津樂道。看似天馬行空，卻不是憑空捏造和單靠包裝去行銷概念：正式推出菜單之前，他找牛津大學心理學教授 Charles Spence 進行過不同實驗，最後證實浪潮聲能刺激想像，味蕾感受因此更為細緻，海鮮的鮮味加倍彰顯。

時至今日，Heston Blumenthal 對多重感官餐飲有更深一層的體會，那就是藉著食物這個讓大家都能明白、樂意親近的載體，去啟動不同感官、開展意識，從而提高意識的力量。「因為當意識的力量越來越強，就好像有更多明燈被點亮，世上將產生更多的光，地球上就會產生更多精緻且純度高的能量，成為一種催化劑，帶來眾目所期盼的意識揚升。只有意識的揚升，能讓我們貼

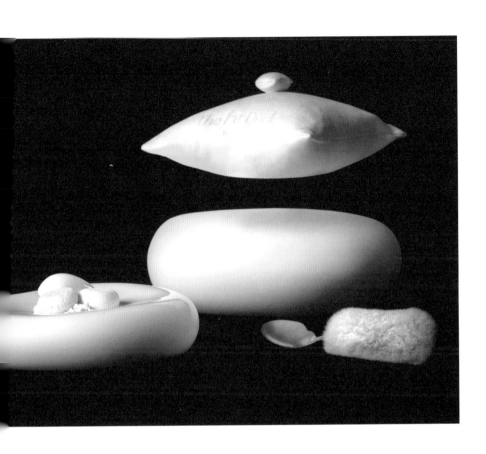

近內心，而內心才是真正的生命所在，而不是物質的實相。」深奧嗎？同樣的道理，《小王子》（*The Little Prince*）有簡易版方便入門：真正重要的事物，用肉眼是看不見的，必須用你的心。

既是廚師　也是哲學家

問 Heston Blumenthal 他目前人生最大的恐懼是什麼？他低著頭想

左圖：Heston Blumenthal 的經典之作「Sound of the Sea」，海鮮、海藻、海帶鋪在「沙灘」上，食客戴上耳機，聆聽著 iPod 的海鷗聲、浪潮聲下進食，引來跟風者不少。

右圖：創意擊節的甜品「Counting Sheep」，散發著恍似嬰兒爽身粉的香氣，以連結客人回到嬰兒時期的感覺。

了很久：「沒有。」難以置信下追問：譬如說，你會擔心餐廳失去米芝蓮三星的光環嗎？他眼神篤定，回答：「從來沒有在我腦海浮現過。」進一步，他說：「50 Best 終身成就獎、米芝蓮三星啊等獎項，人人都來恭喜我啊、開派對啊這些，當然都是很美好、很實在的，但是，你必須知道，這些都是真的，同時也不是真的。享受了當下，就完成了一個過程。」名利對他來說，根本未曾提起，就不用談放下了。

但對於生離死別，Heston Blumenthal 亦難逃血肉之軀的感傷——5 年前，他受邀來到香港文華東方酒店獻技，隨行的兩位副廚卻在香港遇車禍身亡。說起此事，他還是一臉黯然，但領悟上卻是透徹：「生與死不是對立，快樂與悲傷也不是對立的，物質世界的生命消失了，只是能量的一場轉化。我們體會的失去讓我們悲傷，那是因為我們的意識尚未開發到另一個層面去體會這件事情。」這是一個看透物質表象的悟者。很多時候，你會覺得 Heston Blumenthal 像個哲學家，跟他對談一如面對著蘇格拉底，甚至是「與神對話」。說起神，Heston Blumenthal 說自己相信宗教的精神，但不相信宗教本身。那你相信因果關係嗎？「不相信，因為我覺得因果論把許多事情的發生簡化了。」視角獨特，額外引人深思。

撇開 Heston Blumenthal 精彩絕倫的精神世界，他到底是一位在廚房實驗裡千錘百煉、飽覽群書的頂級名廚，跟他談任何食物，他開口便擲地有聲，技術環節鉅細無遺、浩瀚的歷史背景更是娓娓道來，比方說法式蝸牛這樣的經典料理，原來是隨著 1840 年代小酒館文化於巴黎崛起開始出現在菜單上，後來因為第二次世界大戰期間，物資配給制度迫使廚師們得要探索另類食材的可能，才令蝸牛的潛質被發掘出來，從此逐漸普及。談起西方飲食不可

或缺的牛油，他會告訴你，宗教活動曾令牛油進不了廚房，因為天主教教會規定教徒一年當中有好些日子不能食肉，牛油也要禁食。牛油後來在英國崛起，好些歷史學家相信與天主教教會在宗教改革後失勢有很大關連……這種對知識最深層的掌握，正如他靈性層次的視野，引領你升上外太空，碰觸到夢幻般的星際奧秘，並從一個超然的角度俯瞰地球，所以無法不目瞪口呆。這不是他的終極理想嗎？啟動感官去開啟意識，原來他無須藉著食物這載體，一樣做得到！

上圖：現在全球盛行以液氮來即場做雪糕，其實是由 Heston Blumenthal 所開創，從此啟發了許多廚師做甜點的想像，是本世紀最重要的發明之一。（圖片來自 Alisa Connan）

STORY 8

意大利火腿之神和他的 Culatello

Massimo
Spigaroli

火腿，是一個武林，裡邊各有不同幫派：
意大利、西班牙、法國、比利時、葡萄牙等等；
還有白豬、黑豬，前腿、後腿；
每個派別的獨門招數包括：養殖方法、飼料、
醃製配方、風乾方法……想要稱霸，談何容易。
很多人都知道最頂級的西班牙火腿，得要吃自由放養、
進食橡果長大的黑毛豬，熟成的時間，36 至 48 個月
是最基本，才能吃出陳釀的風味。
然而，意大利生醃火腿中有一款殿堂級的火腿，
味道毫不遜於西班牙的伊比利亞橡果火腿，
卻在市場上鮮為人知。它叫 Culatello。

走進神級火腿大本營

還記得那是一個初春，從米蘭驅車前往舉世聞名的意大利火腿區巴馬（Parma）。車程不過是短短的 1 個小時，城市的車水馬龍進入了市郊的無垠視野，鄉野樸實的氣息迎面而來，車窗外還可見到一隻隻意大利特產的白牛在低頭吃牧草——老饕們看到這些白色身影可要低呼一聲了，這肉味濃郁得非常原始、粗獷的牛種，帶來佛羅倫斯扒的絕世好滋味，吃過難忘。

然而，白牛只是個序幕，還有精彩的在後頭，因為意大利火腿之神 Massimo Spigaroli 的大本營，就在巴馬區的 Zibello。戴著一副黑框眼鏡、身材圓潤的 Massimo Spigaroli，是意大利擁有 700 年

上圖：Massimo Spigaroli 和團隊在他們引以為豪的火腿窖裡合影。（圖片由 Antica Corte Pallavicina 提供）

歷史的風乾火腿品牌 Antica Corte Pallavicina 的第四代傳人，對於家族代代相傳的頂級火腿，使命感強大得可說神聖。很多人以為意大利火腿再好也比不上伊比亞橡果火腿（jamón ibérico de bellota），所以吃巴馬火腿（parma ham）一定要配哈密瓜以平衡火腿的鹹味——事實上，如果你吃過 Antica Corte Pallavicina 的頂級貨色 Culatello，就會徹底改觀。

什麼是 Culatello？這是一個資深美食家和星級名廚提起時皆會眼睛發亮的名稱。2014 年，美國著名的美食網站 Epicurious 選出全球五大最佳火腿，名列第一的是西班牙伊比亞火腿，排名第

上圖：Culatello 肉質柔軟細膩，鹹香中有甘甜味滲出，散發一股類似玫瑰露的香氣，很是美味。（圖片由 Antica Corte Pallavicina 提供）

上圖：在巴馬這個舉世聞名的火腿區，生產 Culatello 的火腿商不會超過 5 家，而
Antica Corte Pallavicina 更是唯一一家依然沿用黑豬製作火腿的品牌，這是為 Massimo
Spigaroli 贏得意大利火腿之王美譽的主因。（圖片由 Antica Corte Pallavicina 提供）

下圖：30 年前踏破鐵鞋找到的黑豬豬種，經過配種和悉心養殖下，如今已在 Massimo
Spigaroli 的農場開枝散葉。（圖片由 Antica Corte Pallavicina 提供）

二的正正是 Culatello。其實，parma ham 只是一個統稱，風乾火腿在意大利叫做 Prosciutto，最頂級的叫做 Culatello，只採用豬後腿肉來製作，是以產量稀少。生產 Culatello 的火腿商不會超過 5 家，而 Antica Corte Pallavicina 更是唯一一家依然沿用黑豬製作火腿的品牌，難能可貴亦無比矜貴。

成就火腿品質的關鍵

「豬種，絕對是火腿美味的第一關鍵。白豬長得快，養一年就達標，黑豬要養 2 年，所以別的品牌一早就放棄用黑豬去做火腿。」在這個年代，不符合經濟效益總難逃被淘汰的命運，得要有 Massimo Spigaroli 的傻勁與堅持，才能把消失中的味道保存下來。約 30 年前，他眼看著黑豬瀕臨絕種，心感焦慮，於是走遍意大利去尋找有關的黑豬豬種，終於在托斯卡尼（Tuscany）找到想要的豬種血脈，帶了一公兩母回去配種。經過悉心養殖，如今，Massimo Spigaroli 的農場已有 500 隻黑豬。

眾所周知，西班牙的 jamón ibérico 之所以擊節美味，是因為飼養過程十分講究，才能形成無以尚之的肉質和肉味。Massimo Spigaroli 養的意大利黑豬亦不遑多讓，他的農場自家種植有機穀物餵飼黑豬，並且採用夏季自由放養、冬季欄養的方式讓豬隻儲存脂肪，好讓肉味充滿脂香但肉質又不至於過肥。2 歲大的黑豬被人道宰殺後，便切下後腿肉製作 Culatello。後腿肉先得用白醋清洗，接著醃製的材料、配方是這個階段極其重要的工序：Massimo Spigaroli 用海鹽、胡椒、蒜頭和紅酒去醃豬腿，還要透過人手按摩讓豬腿的肌肉放鬆、醃製入味，半點也馬虎不得！

萬事俱備，卻欠東風的話，也無法成就 Culatello 的地位——

東風，就是熟成的環境。Zibello 跟意大利的母親河，波河（Po River）毗鄰，「波河對我們來說太重要了，因為河水帶來潮濕的環境，夏天的時候濕熱，冬天濕冷又濃霧，溫度差別大，卻具備一定濕度，令火腿在熟成的過程會促成微生物的成長，使火腿熟成的味道更複雜有層次。另一方面，我們古堡的火腿窖有 700 年歷史了，可以想像 700 年的火腿窖裡頭微生物有多豐富嗎？這更是不可取代的元素，令火腿的發酵有一定效果，最終為火腿帶來獨特的美味。」

Massimo Spigaroli 如果沒有出門，每天都會親自到火腿窖檢查火腿，一天 10 次。「火腿掛在地庫裡，不是說放在那裡等時間過去就行。我們需要每天人手轉動火腿、掃掉表面的黴菌，還要定時

上圖：Massimo Spigaroli 身後的就是意大利的母親河，波河。（圖片由 Antica Corte Pallavicina 提供）

換位以確保每隻火腿能夠平均『受潮』。」最重要的一點,就是開窗關窗。Massimo Spigaroli 笑說,不要看小這個動作,因為開窗通風,關窗閉流,可令環境當中的溫度和濕度變化有所不同,影響火腿熟成的效果。魔鬼都是藏在細節裡,要把終極的美味做出來,沒有一個環節能夠掉以輕心!

那麼,Culatello 的味道到底是怎樣的呢?Massimo Spigaroli 的餐廳有 Culatello tasting menu(試菜菜單),可以將白豬、黑豬以及不同熟成時間的火腿一網打盡。37 個月的黑豬 Culatello 絕對是味

左圖:地下火腿窖裡有個「名人區」,可以看到全世界名人、明星、名廚所預訂的火腿。
右圖:火腿窖裡掛上密密麻麻的火腿,空氣裡盡是火腿鹹香與濕氣、泥土交集的氣息。

蕾的一波高潮，每一片薄得可以透光的火腿，肉質柔軟細膩，吃下去鹹香、甘香並溢，油潤適中，餘韻還有淡淡的玫瑰露香氣，跟 jamón ibérico 的風味截然不同，但同樣美味得叫人擊節。吃過以後，才能明白為何名廚 Alain Ducasse、服裝設計大師 Giorgio Armani、查理斯王儲、摩洛哥王子等皆為它傾倒，火腿窖裡掛滿寫上名人名字所訂製的火腿的木牌。在香港，米芝蓮三星意大利餐廳 8 1/2 Otto e Mezzo Bombana、金鐘港麗酒店的 Nicholini's，以及中環意法式小酒館 Neighborhood 都能吃到 Culatello。到意大利旅行時，就當然要去 Massimo Spigaroli 的餐廳去大快朵頤了！

上圖：Antica Corte.Pallavicina 莊園外觀，裡頭有 Massimo Spigaroli 的米芝蓮一星餐廳、民宿、火腿窖，是個度周末的好地方。（圖片由 Antica Corte Pallavicina 提供）

Hirohisa Koyama / Nobu Matsuhisa / Jiro Ono

第二章　CHAPTER TWO

締造百味人生的日本廚神

STORY 9

日本料理之父

小山裕久

Hirohisa
Koyama

人在巴黎，因為出席「La Liste」全球 1,000 家
最佳食府飲食榜單的頒獎禮，
正式認識了遠道而來的「日本料理之父」，
日本德島縣日式料理店「青柳」的「掌門人」小山裕久。
小山裕久是誰？讀過一篇文章介紹得最好：
「小山裕久，日本料理界的傳奇人物，
他出身料理世家『青柳』，為了學習更好的廚藝，
在年輕時前往日本三大料亭之一『吉兆』修習，
返回德島縣繼承家業後，
開始了一輩子對日本料理的研究。」

「他一直記得在大阪修習的經驗：『料理的唯一竅門就是努力！』每天待在廚房超過 12 小時，連睡覺都覺得是一種浪費，他終於讓『青柳』在日本飲食界口耳相傳。東京的 3 家米芝蓮三星店（龍吟、神田和小十），大廚都是小山裕久的弟子。而今年 67 歲

上圖：身為栽培出多位神級日廚，如山本征治、神田裕行的殿堂級人物，大師在 La Liste 頒獎典禮的酒會上親自主理自助壽司攤位，真有點錯愕。

的小山裕久，仍然每天在自己的店裡親自掌廚，招待客人。

小山裕久不僅是日本國內的料理神人，也帶著他的料理哲學征服了全世界的味蕾。他曾被授予法國農事功勞勳章，和許多法國名廚是多年至交。他把他泡了一輩子廚房，都濃縮在一份料理中，在這裡你可以看到一個天生為了料理而生的人，對食物傾盡一生的熱情。」（摘自美食專業 PhD，〈是美味心經，更是人生修行——料理之神小山裕久〉，原文可見：https://kknews.cc/food/8ebrqxl.html）

中菜是控制油的料理

有心水清的讀者在 Instagram 上給我發訊息說：「妳的文章不時都會引用小山裕久大師在書中講過的話啊！」知音也！大師寫的料理聖經，《日本料理神髓》可說是我最愛不釋手的天書，第一本讀了又讀，翻了又翻，也沾染了茶跡、醬跡……有一段日子，幾乎連睡覺也抱住它了。書隨之變得殘舊，於是後來又買了一本。這本書好看之處，是既有料理的專業剖析和深度見解，又從每一道工序背後的思考帶出哲學層次，並從中延伸許許多多可作借鑒的人生智慧。原來，「台上一分鐘，台下十年功」也可作此解啊——我在記者會結束後的空檔，趨前跟大師要求作個採訪，沒有事先預設的問題，臨場發揮的，全是我過去日子讀他的書擷取的精華，所得出的疑問。倒背如流的書中內容，幾番逗得大師笑呵呵。於我而言，能夠這樣不期而遇地當面聽他「開示」，亦是修來的美好機緣了。

一年多前已在專欄寫過，「書裡頭有一部分的章節最為吸引，那就是他跟不同大廚的對談記錄，啟發性不可多得。其中，他跟法式日本料理的先鋒、前美國第一夫人積琪蓮甘迺迪（Jacqueline

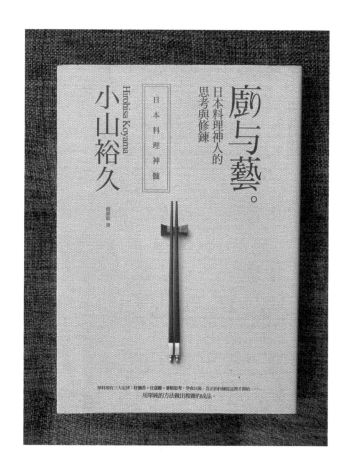

Kennedy）家廚石鍋裕一席對話中，提及『法國料理是控制火，日本料理是控制水』，令我不禁聯想，那中菜又是控制什麼呢？」甚至以此跟好幾位中廚有過討論，成了我第一個拋出的問題。

大師不假思索便能回答：「中菜是控制油。」他進一步解釋：「是控制不同的油。妳看看，世界上這麼多不同國家的料理，沒有一

上圖：這是我身邊每一位，必須強調是每一位美食寫作人，都讀過的一本書。

個料理好像中菜用油用得那麼講究，那麼能夠反映地域特質和風味。中菜裡頭，不同菜式、烹調技巧所用的油已是大學問，炒菜一般用花生油、粟米油吧？涼拌就要用芝麻油、花椒油、青椒油之類，然後還有蝦油、蔥油、薑油……五花八門，用來表現菜式特點和提味。所以我認為，中菜是透過控制油去控制味道。」邊聽邊頭腦「叮叮」作響，想起我們的「香港之光」，世界 50 最佳餐廳榜單上唯一的中菜廳大班樓，便摒棄了傳統中菜館的那鍋上湯，而是透過煉製不同的油去入饌，正正與大師的理念不謀而合。

以酸味激發食材潛能

「你曾在書中寫說，酸度能開發食材味道的潛能，甚至將之發揮到最高點，你是怎麼發現這一點的呢？」這是另一個我渴望答案已久的疑問。

上圖：小山裕久的料理店青柳位於日本德島縣。

「因為酸味有很多種，不同食材所展現的酸味和酸度都是不一樣的，酸的味道其實很豐富、能刺激很多感覺，跟其他味道的互動會製造不同的立體感。另外一個原因是我們的舌頭對於酸味的自然反應，接觸到酸味，舌尖就會分泌唾液，有一種流口水的感受，這種感受就是我們對『好味』的認知，是以食材味道用酸味去帶動會顯得更動人。」啊，是的，你書裡有寫過，為什麼當年你會想到要把醋做成果醋凍，也是因為醋跟舌尖的時間反應有關。

上圖：只能用「聽君一席話，勝讀十年書」來形容與小山裕久大師作即席訪問的心情。

「對的，因為舌尖一接觸到醋，就會馬上分泌唾液，那麼涼拌食材的食材味道就會被唾液沖淡。那時候我在想，到底要怎樣保持一定的酸味，不被唾液沖淡味道呢？經過幾年的反覆測試，我想到將以醋為主調的湯汁固體化，變成果凍。當你把帶著果凍狀調味料的涼菜吃進嘴裡，調味料會在 7 秒鐘左右融化，變成液體，這樣一來，你能先感受到食材本身的味道，然後酸味出現，開始刺激你的味蕾，分泌唾液，當食材和醋味變得寡淡之前，基本上你也咀嚼完了，該吞下去了。」今時今日，這種以果凍醋調味的做法已在餐桌上非常普及，但恐怕只有少數人知道，這做法可說是小山裕久在 20 年前始創，或許更鮮為人知的是，其背後的原理。

我告訴大師，因為他書中寫了酸味能引發食材潛能的這一句話，我吃壽司的時候，會格外留意醋飯（shari）和魚料（neta）之間的變化，發現小野二郎（在日本靜岡縣經營壽司店「數寄屋橋次郎」，該店曾獲米芝蓮三星）的醋飯裡的酸味，跟魚料互動的變化是最明顯、最多線條起伏、最令人讚嘆的。他聽了點點頭：「這是很正常的，跟他的年紀、階段對於每天魚料狀態變化的掌握有關，也跟他握壽司的手法、速度有關。」說到這裡他不忘跟我確認，我去小野二郎店裡吃的時候，是他握的壽司嗎？我說是的。他再次點點頭。

懷石料理的創新

那麼小山裕久大師是怎麼看待懷石料理的進化和創新？譬如八寸。八寸在懷石菜單中原本只是過場菜，是燉煮物、燒烤物之後的味蕾緩衝點。傳統的八寸僅有一山產和一海產，置於八寸小缽中，因此得名。但因為這個環節的內容在整個菜單裡頭最有彈

性，只要符合山產與海產、冷食的條件，就能包容創意，所以內容漸漸變得豐富起來。

聽了問題，大師回答說：「對的，懷石的許多形式都隨著時代在變化，但料理的基礎是沒有變的，變的只是形式。」我笑說，位於京都嵐山的懷石料理店「吉兆」的八寸變成三山產三海產，乃是在傳統框架下進化；在東京吃神田，該店則在蛇腹拖羅壽司刨上白松露，就現代感十足了，甚至有點商業化的媚俗呢！似乎違背了主廚神田裕行自己說的「真味只是淡」。大師聽了我說的，但笑不語。

STORY 10

全世界　破格日本菜征服

松久信幸
Nobu
Matsuhisa

有些人，天生注定是傳奇，松久信幸是其一。

松久信幸，大家更為熟悉的稱呼應該是 Nobu Matsuhisa，

他所開辦的 Nobu 餐廳遍佈全球 30 多個主要城市，

不管是餐廳或者他本人，皆得獎無數，

無法單憑「米芝蓮名廚」來形容他的成就。

他所創作的破格日本菜，充滿自我風格，風靡全球。

香港的 Nobu 店隨著所位於的香港洲際酒店進行大型

翻新而休業，以前松久信幸先生一年來香港兩次，

巡視業務，也跟這裡的廚師團隊交流、做菜——

這也是他多年來的生活寫照。

「每年有 10 個月，我都在全世界到處飛，到不同城市的 Nobu 去，待在家裡的時間前前後後加起來只有 2 個月。」回家反而像度假，忙碌的生活卻不見在他臉上留下疲態，每次在香港的 Nobu 遇到他，都會見到他滿場飛跟客人合照，笑容可掬、精神矍鑠。跟他聊開了，他說每到一個城市的 Nobu，就像是探訪在那裡的家人，彼此互相更新近況，從不覺得自己是在工作。這種熱情和魄力，來自於熱愛，「大概是我 12 歲的時候吧，那時候還住在埼玉縣，哥哥把我帶到一家壽司店去，那是我第一次吃壽司，天啊，那一口味道實在太難忘了！於是我立志成為一名廚師！」松久信幸依然記得那震撼他的味道是吞拿魚腩壽司。他笑一笑：「那時候可以上壽司店吃壽司可是件大事呀，因為在那個年代，壽司並不像現在那麼普及，在超級市場都能買到。年紀小小看到神氣的壽司師傅，心裡自然就會覺得很了不起，想要跟他們一樣，就好像這個年代的青少年看到電視上的歌手表演，也夢

上圖：松久信幸每年花 10 個月周遊列國巡視業務，跟當地廚師團隊一起做菜、交流，每到一處，他就換上當地的 Nobu 廚師服。

想著自己能成為一名歌手。」簡單的比喻，卻說出了時代的演變。

松久信幸的成功，也經歷過刻苦的學習。高中畢業後，他去到東京，在一家壽司店裡當學徒。有長達 3 年的時間，他每天早上跟著師傅到魚市場去，師傅負責買魚，他負責提菜籃，籃子重得他兩手都快斷掉，回到餐廳又要忙著洗碗碟和做清潔。3 年後，店裡的壽司師傅離職，他才獲得擢升以填補空缺。「那個過程令我變得刻苦耐勞，也令我在今天懂得體恤每個崗位的員工。」儘管如此，作為 Nobu 這個餐廳品牌的統帥，他難免有脾氣。他坦承早期的時候，也會因為廚師達不到要求而感到沮喪，把不滿和怒氣統統寫在臉上，「但現在會耐心地溝通，可能年紀也會令一個人改變吧，知道生氣也於事無補。」

浪跡異鄉　烹調南美風格的日本味道

對 Nobu 歷史有若干了解的人都知道，松久信幸在 24 歲那一年，被一位在南美洲經商的日本客人邀請，到秘魯開壽司店。從日本到秘魯，先不說地理上的距離，說風土民情上的差距，那已是另一個世界。但年輕就是這一點好，對世界好奇所以無所畏懼，而且對方允諾給他 49% 的股份，他不止是受聘的廚師，還是壽司店的合夥人。於是，松久信幸欣然答應，帶著妻子飄洋過海。不過，這個決定裡頭，除了自己的勇氣，底下還蘊含著一個感性的理由，那就是松久信幸早逝的父親。「我的爸爸在我 7 歲那年逝世，小時候，每當我想念他，就會去翻看他的照片。爸爸生前是一個木材商人，有一張照片，是他到帛琉群島上買木材時所拍的，我常看著那張照片，心裡想：終有一天，我要好像爸爸那樣，可以到海外，去看看這個世界。」

這個決定真正改變一生,「在秘魯經營壽司店真的是困難重重,不是沒有客源,而是資源的匱乏,當時的真空包裝技術、物流業也不像現在一樣發達,食材非常有限,挑戰重重,十分棘手。」

「當地人的飲食口味也不一樣,譬如,日本料理常見的鰻魚,在秘魯一點兒也不值錢,根本沒有人愛吃。有一次,我在魚市場看到有個檔口前有大量的新鮮鰻魚,卻沒有標示價格,我去問那魚販,這些鰻魚要多少錢?他反問我:你要鰻魚來幹什麼?我唯有隨便編個藉口,說:我家的狗兒愛吃鰻魚。他聽了大笑,就用幾塊錢,賣了整整2、30公斤的鰻魚給我。那天我可開心了,因為我非常想家,這些鰻魚真的能夠一解鄉愁。當天晚上,我就用這些鰻魚做壽司、天婦羅,賣得可好呢!」松久信幸在微笑中憶述。

問題棘手,總不可能坐以待斃,唯有變通,松久信幸開始把南美洲的香料、食材,以及烹調方法融入他的日本菜中,因此創出了奠下千秋大業的「Nobu式」日本菜——在日式神髓裡頭注入南美洲風格,講究食材配搭的醬汁、色調,比起傳統日本料理味道多變且濃郁、色彩繽紛,受到當地的食客歡迎,生意滔滔。例如Ceviche(酸汁醃魚生)是流行於南美洲一帶的烹調方式,利用水果如檸檬的酸汁來醃製生魚片,把生魚悶熟,也可因此殺菌。松久幸信把這種烹調方式融入於他的日本菜中,變奏出別具一格的「Nobu式」日本菜,盡見他的才華。

至於西京燒銀鱈魚便是松久信幸在秘魯「巧婦難為無米之炊」下的變通:在沒有冰箱的年代,用味噌將魚類醃漬是保存魚類的方法之一,到了今天卻成為日本料理的經典菜式。銀鱈魚在秘魯極為多產又便宜,松久信幸便選擇以銀鱈魚來演繹這道經典日本菜;此菜也因為極為可口而受到歡迎,後來更成為Nobu店的招

牌菜，引來不少跟風者。「當時，在秘魯的日本大使館職員，還有許多在當地做生意的日本人，都是我們的忠實客人。」

錢是賺到了，松久信幸和生意夥伴的分歧也浮現了：對方覺得壽司店的利潤空間可以更大，要求松久信幸把食材成本降低，無須到魚市場購買鮮魚，用冰鮮魚就可以了。「我完全無法妥協，在食材上偷工減料，是對於一個廚師的侮辱，我選擇退股，全然退出這家自己一手創建的店舖。」帶著妻女離開秘魯，松久信幸選

上圖：現在，Ceviche 這種菜式也是 Nobu 菜單上的招牌菜，並且以此為基礎，衍生出更多做法，譬如把日本醬油和麻油混在一起煮熟後澆上，把生魚片輕輕灼熟並入味。

擇到阿根廷重新開始，在朋友的介紹下，於首都布宜諾斯艾利斯的一家壽司店當壽司廚師。

做了幾年老闆，要重新適應為人打工的生活並不容易，另外面臨的挑戰是當地人的飲食文化與口味：主要是吃肉，而不是海產；對於壽司、刺身的欣賞能力有限。「當地的消費水準低，工資也相對地低，我要養妻活兒開銷大，積蓄耗得快，我想，這樣長期下去真不是辦法，決定辭職，回去日本再作打算。」在南美洲兜

上圖：西京燒銀鱈魚如今成為 Nobu 店的名物，也是當初松久信幸在秘魯「巧婦難為無米之炊」下的變通。

了一個圈，又回到原點。「我在哥哥的工廠打工，接著到了一家餐廳當壽司師傅，同時，我不停打聽國外的工作機會。」他始終沒有忘記要闖世界的夢。

一次又一次從零開始

「恰好，我工作的壽司店，有個常客是演員，他建議我們一起合作在美國阿拉斯加的安哥拉治（Anchorage）開一家壽司店，他有個朋友在那兒，很熟悉當地情況，那兒的經濟開始起飛，因為那裡有許多石油輸送管，同時成為多家航空公司的小型基地——從亞洲飛到美國，安哥拉治是多家航空公司的中途站，來自亞洲不同地區的旅客很多，這些都是很有利的條件。」於是，松久信幸再次出發，來到美國阿拉斯加。他甚至貸款入股，這一次不止是從零開始，而是從負債開始。

「壽司店一開業，反應就很好，我還記得我和員工無間斷地做了差不多兩個月，每天都開門營業，簡直是透支到不行。剛好復活節來臨，我決定趁這個假期休業，讓大家休息一下。」你說上天是不是很會捉弄人？當松久信幸在朋友家的派對吃火雞，就接到了一通電話：你的餐廳失火了！他匆匆趕到現場，只見一片濃煙和火海，看著無情的火燃燒，心血付諸一炬，他的人生也崩潰了——最糟糕的是，餐廳並無投保，這次他負債纍纍，「那把火不止燒掉我的餐廳，也燒掉了我對人生的希望和夢想。」

如今回想，當年支撐著自己的，是妻女：「我是家裡的經濟支柱，我別無選擇，為了她們，我得要重新站起來。」有個朋友向他伸出援手，朋友在洛杉磯開了家日本餐廳，請他去出任壽司師傅。「我在那裡工作了兩年，領到了綠卡，生活漸漸回到正常軌道，雖

然我還在欠債。」然後，他離開了朋友的店舖，轉到另一家餐廳上班，薪水較高，也更有發揮空間，他在那裡一待就是 6 年，不但還清了債務，還存了一小筆錢。這個時候，老闆有意把餐廳出售，松久信幸知道時機到了，他把餐廳頂了下來，自己做老闆。

「其實我的資金並不足夠，幸好有個老友夠義氣，借了一筆錢給我。」整整兩年，餐廳的營業只收現金，「因為我們負擔不起信用卡機。」這兩年，餐廳只做到收支平衡，並無任何盈利，「但我還是很開心，因為我是老闆，能夠全然投入於做自己想做的菜式，不用受制於人。看到客人吃得開心，我就覺得一切都值得了。」

上圖：跟松久信幸在 Nobu 香港店合影。

男人的情誼　比愛情故事動人

餐廳的口碑漸漸傳開，美國權威飲食雜誌來採訪，也因為位置鄰近荷里活片場，明星們聞風到訪，這個時候，巨星羅拔迪尼路（Robert De Niro）成為他的忠實客人。「一年後，他竟然對我建議，他出錢出力，我們一起合作在紐約開餐廳，擴充我的業務。我跟他飛到紐約視察他心屬的餐廳選址，哇，又漂亮又寬敞，條件真是一流！」

有荷里活巨星願意出錢出力助他一把，可以想像名成利就是多麼唾手可得嗎？任誰也會淌著口水答應吧？偏偏，松久信幸在這個關頭卻步：「我沒有因此沖昏了頭腦，我想起過往的失敗，以及跟人合夥的不愉快，我不敢貿然答應。考慮了幾天，我告訴羅拔迪尼路，覺得時機尚未成熟，不能答應他。」羅拔迪尼路聽了，表示他能諒解，沒有任何不悅。「此後，他每次來到洛杉磯，還是會來我的小店坐一坐，吃頓飯，探望我。」

如是者，過了 4 年。有一天，松久信幸在家裡接到羅拔迪尼路的電話，問他：「你準備好了嗎？」松久信幸還是推辭，說：「對不起，我還未準備好，也許有一天我準備好了，再說吧。」掛了電話，第二天，羅拔迪尼路出現在店裡，「看見他的剎那，我忽然醒覺，眼前這個人，他其實一直在等我，等了我四年！足足四年！如果他對我如此有誠意，對我有這麼大的信任，為什麼我不能相信自己，放手一搏呢？」

是羅拔迪尼路的誠意打動了他，也是羅拔迪尼路的胸襟、氣魄，成就了他，接下來的故事，大家都知道了：松久信幸在紐約的第一家餐廳以他的名字 Nobu，以及他充滿個人風格的破格日本菜

掛帥，又有羅拔迪尼路的明星效應，業績馬上開出紅盤，Nobu
旋風接著席捲全球，成為了 Nobu 王國，松久信幸成為那個年代
唯一一個有國際影響力的東方名廚。因羅拔迪尼路的關係，松
久信幸曾在馬田史高西斯（Martin Scorsese）導演的《賭城風雲》
（Casino）扎上一角，後來他又以玩票性質客串了《藝伎回憶錄》，
飾演一個做和服的師傅。若不是松久信幸的故事，有誰想過，
一個男人可以這樣默默等待另一個男人 4 年？而且是一位國際巨
星，等一位當時尚是無名小卒的廚師。男人的情誼，原來可以比
起許多愛情故事感人。

上圖：荷里活巨星、奧斯卡影帝羅拔迪尼路（左）是松久信幸的客人、貴人、好友兼
生意夥伴。

STORY 11

引領壽司新紀元的壽司之神

小野二郎

Jiro Ono

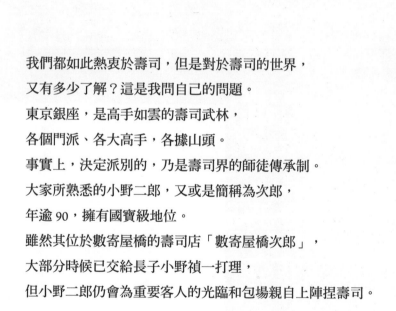

我們都如此熱衷於壽司，但是對於壽司的世界，
又有多少了解？這是我問自己的問題。
東京銀座，是高手如雲的壽司武林，
各個門派、各大高手，各據山頭。
事實上，決定派別的，乃是壽司界的師徒傳承制。
大家所熟悉的小野二郎，又或是簡稱為次郎，
年逾 90，擁有國寶級地位。
雖然其位於數寄屋橋的壽司店「數寄屋橋次郎」，
大部分時候已交給長子小野禎一打理，
但小野二郎仍會為重要客人的光臨和包場親自上陣捏壽司。

小野二郎桃李滿天下不在話下，高足就有首徒水谷八郎（已退休），再來就是高橋青空。事實上，小野二郎師承壽司名店「與志乃」的大師吉野末吉——二戰前後，日本壽司界「三足鼎立」：與志乃、奈何田、久兵衛被譽為「御三家」。如今百花齊放的壽司界，萬世基業從這「御三家」而起，與懷石料理分庭抗禮，成為日本料理的國粹。

法國菜對日本壽司的影響力

小野二郎拜在與志乃門下，也許是天賦過人，由 1951 到 1955 年，從大阪店的料理長到被委派接掌東京店，不過是短短 4 年的

上圖：日本知名美食家山本益博老師（右）吃了小野二郎大師（左）的壽司 30 多年，這天有他同場一起吃壽司，並幫忙講解、翻譯，是非常完美的體驗。

時間。1965 年，小野二郎正式買下師傅的店舖，並且將之命名為「數寄屋橋次郎」，這裡也成為他揚名立萬之地，奠定一代宗師的地位。如今在銀座頗負盛名，在海外亦有一定知名度的澤田幸治，是半途出家的壽司師傅，出道初期曾在水谷門下修藝，雖然所待的年資不長，但也勉強算是次郎門派出身的吧！至少舍利（醋飯）的風格是──去年吃過兩次澤田，必須承認除了他的頂級魚料以外，最令人過目不忘的就是其舍利了，夠酸又夠鹹，吃小肌（即約 10 厘米長的小鰶魚）、鯖魚等經過鹽水和醋醃漬熟成的光身魚，則要有心理準備那種「遇強越強」的勁道了。

友人張聰的文章曾經寫過日本著名美食家山本益博老師跟他的分享，我才驚覺小野二郎這位壽司之神是受到法國料理的啟發，把壽司菜單重新調整，從淡麗的白身魚開始吃起，從淡味到濃味循序漸進──原來，傳統的江戶前壽司，是從鮪魚（吞拿魚）開始吃起的。後來有機會見到小野二郎本尊，向他證實這點，他說是的。他說大約 20 年前吧，他每逢周六都會給自己放一天假，去吃不同的餐廳。他特別喜歡法餐，又跟已故法菜大師 Joël Robuchon 分屬好友，所以常光顧他的餐廳，於是就得到了靈感。我推測，小野二郎的革新，肯定也引來模仿、跟風，最後就帶動了近代壽司料理的改革，因為現在我們去吃壽司 omakase（即由主廚根據預算和時令食材來發辦的菜單），都是從淡味吃到濃味，無一例外。無論如何，誰會想到呢？法國料理對日本壽司也有貢獻。

次郎的壽司菜單

要了解「壽司之神」到底有多「神」，必須吃到他老人家親自捏的壽司，否則一切只是紙上談兵。能夠邊吃邊聊，如友人形

容，你就等於得到一個機會，有人幫你講解武功秘笈讓你修煉。當然，其中得到多少領悟，全憑個人造化——造化是關於領悟力，每個人不同，就好像當廚師，也需要天分，來引領你突破一個又一個階段，很多時候少了天分，是任憑你有多努力都達成不了的。小野二郎曾在一個跟 Noma 主腦 René Redzepi 的對談說到：「我們的技術並非什麼獨門秘技，只是日復一日的重複努力。但有些人天生有天賦，譬如擁有靈敏的嗅覺和味覺。做壽司，只要努力和認真，手藝就會熟練，但揚名立萬需要的是天賦，以及看你有多努力。」來到他的面前，特地問起他關於天賦

上圖：有壽司之神簽名的菜單，自然要一生珍藏。

的問題,他點點頭:「我相信任何行業都一樣,有天賦又足夠努力,會讓你成為大師。」如果沒有天賦呢?他嘴角牽動一下:「那還是要繼續努力啊。」

次郎的壽司菜單分為三大樂章:第一篇章是經典菜式:如比目魚、墨烏賊(墨魚)、吞拿魚三連發;第二篇章是季節性菜式,如針魚、明蝦、鰹魚;終極篇章是回歸傳統:如貝柱、海膽、穴子,當然少不了以玉子作為壓軸。

坦白說,如果你在東京吃過以頂級魚料奉客的壽司店如Sawada、東麻布天本,便能明白,小野二郎的魚料在今時今日不算頂尖(算是唯一遺憾),但他的舍利功力出神入化,手勢快、狠、準,我相信難以被超越——套老饕友人Richard說的:連接近的水平都沒有,妄論超越。吃過大師出手,真的叫人幡然有悟,壽司就是一門藝術,而不是吃食材素質那麼「表面」的事情。

美妙的第一樂章

第一、第二和第三貫分別是比目、墨烏賊和縞鰺壽司,吃了這三貫,我馬上透過同場的山本益博老師發問:「飯醋的分量,會隨著季節調整嗎?」次郎大師聞言答:「會的,夏天酸一點,冬天分量輕一些。」坐在我旁邊的友人晶晶低聲問我是不是覺得舍利酸度偏低?因為她有同感。我點點頭。不過,飯裡的醋酸,碰到縞鰺甘香的魚油,像是被調高了一個音階般,酸味變得明顯,然後將魚味細緻的鮮味拉了出來,餘韻清美。

來不及有太多思考的空間,已經進入了下一貫的赤身(吞拿魚魚背位置呈紅色的肉)——口感上,縞鰺所切的厚薄,剛好能吃出

脆度，承接了之前的墨烏賊的質感；食味上，它魚脂香甜但不太肥，脂香隨醋味緩緩地在口腔散發，排在這裡正好能讓味蕾準備好進入沒有油脂感的赤身。醋飯的酸在赤身、中腹（吞拿魚中腹部位）、大腹（吞拿魚前腹部位）各展現了不同神韻，特別是豐腴的大腹，一般總是較為油膩，但米飯的酸，碰上這大腹天然的微酸、鮮甜，油脂裡竟然釋放出一種隱約像焦糖的甜香，美妙！

第一樂章的收結，是最能展現壽司師傅功力的其中一貫：小肌。跟我在東麻布天本吃到的芳冽甜美小肌風格截然不同，小野二郎的小肌，渾厚剛健同時柔細平衡、滋腴深邃，舍利的醋酸跟小肌的鹹酸站在同一個高度上交鋒時互相成全，交集出平衡感，強烈的風味瞬間蔓延開來，味道很有力度但非常細緻。當吞下整貫壽司以後，餘韻又再次冉冉升起。

調皮又驚奇的第二三樂章

第二樂章的季節性魚料，以車海老（日本對蝦）和鰹魚的出色最令人難忘。特別是鰹魚壽司，其馥郁的稻草煙燻味，吃罷還徘徊在口腔裡不散。我嘖嘖稱奇，山本益博老師說：「是的，這是次郎的手法，妳就算多喝幾口茶，那煙燻味還在的！」果真如此。「不過，當妳吃下一貫的文蛤壽司，那醬油和鮮味，會馬上把妳口腔裡的煙燻味消滅得毫無蹤影。」果然！哈哈，這像是老人家在菜單的食味結構上，一個調皮的小設計呀。

第三樂章是最為驚心動魄的一環，次郎大師捏壽司時對溫度的把玩與控制，還有舍利醋酸隨魚料變化的彈性，都在這個章節裡澎湃地呈現。海膽壽司先來一個下馬威，我會說，這海膽質素並非吃過最「揀手」的，卻是處理手法最令人再三擊節的海膽

壽司——海膽的溫度比起平常壽司店的海膽低了至少攝氏 5 度
吧，入口一陣冰凍後迅速溶解，帶來愉悅的感官刺激，舍利把海
膽的鮮甜再推進得入味三分，好吃得我想尖叫！後來跟好友陳慶
華提起，她說是的，小野二郎的海膽壽司，是 Joël Robuchon 的
最愛，稱它為「海膽冰淇淋」，多麼貼切的形容詞！

上圖：鰹魚壽司，鰹魚馥郁的稻草煙燻味即便多喝幾口茶還是存在。

下圖：穴子的溫度、次郎大師的握法，將穴子和飯粒合二為一，入口即溶。

（此頁兩圖皆由 Tastytrip 提供）

貝柱壽司過場,然後是鮭魚卵(三文魚卵)壽司——這天的鮭魚卵醃漬得真出色!鮮味清麗優雅,口感緻密、柔糯又彈牙,粒粒魚卵爆破於口中時,又是一陣感官的愉悅。來到穴子壽司,是最後的神功展現——穴子的溫度暖熱,配上面層一抹恰到好處的醬油吊出鮮味,入口之際,馬上跟舍利合二為一,3 秒間溶化於無形,我和晶晶兩人對望,眼神讚嘆,重複說著:「好好吃!」好友 David Lai 形容:這穴子壽司是熱冰淇淋!完全同意!

這就是壽司之神已臻化境的功力,把我帶上了天堂。曾經,我以行雲流水來形容米芝蓮三星壽司主廚齋藤孝司捏壽司時四兩撥千斤的自在,而我這天傍晚坐在小野二郎大師面前,吃罷全程由他操刀的 19 貫壽司後,我只想到一句話:天下武功,無堅不摧,唯快不破!

上圖:小野二郎對於海膽壽司的處理有獨門手法,被已故法菜大師 Joël Robuchon 形容為「海膽冰淇淋」。(圖片由 Tastytrip 提供)

第三章　CHAPTER THREE

冷門料理國度異軍突起

Vladimir Mukhin / Ivan Berezutsky and Sergey Berezutsky / Ana Roš

③

STORY 12

現代俄羅斯料理──
領軍人物

Vladimir
Mukhin

初秋的莫斯科，已經寒風瑟瑟，
夜晚的氣溫在攝氏 10 度以下。
第一次來俄羅斯，一踏出機場，
迎面而來是冷颼颼的空氣，就像是一盆冷水
兜頭淋來，讓人多了幾分清醒。
從葡萄牙的波圖飛到莫斯科，
早上 7 點多便抵達了，
期待的是當天晚上的重頭戲：
白兔餐廳的 7 周年晚宴。

如果你是老饕，不能不知道白兔餐廳（White Rabbit），而我也在專欄裡數次提及。世上目前有兩大最有影響力的飲食榜單，一個是具有百年根基的《米芝蓮指南》，另一個就是於 2011 年崛起的新勢力「世界 50 最佳餐廳」了，後來後者乘勝追擊開拓了亞洲版和拉丁美洲版，勢力版圖擴大至米芝蓮射燈找不到的地方，奠定江湖地位。《米芝蓮指南》尚未進駐的城市，餐廳可以靠躋入 50 Best 排行榜得到關注，甚至揚名國際，白兔餐廳正正是因

上圖：白兔集團的廚藝總監 Vladimir Mukhin

此突圍而出。2015 年首次打入榜單即排名 23，後來 Netflix 廣受好評的飲食紀錄片《主廚的餐桌》（*Chef's Table*），2017 年第四季的其中一集，主角正正是白兔餐廳的靈魂人物：大廚 Vladimir Mukhin。影片拍攝了他為重新發掘俄羅斯料理，翻透圖書館裡的食譜，走遍城鎮鄉間尋訪古老食譜，也跟老人們作口頭歷史記錄，將這些原本極有可能隱沒於時代的珍貴飲食文化保存下來。

還記得影片裡頭有一段，說他把老祖宗的麋鹿唇食譜找了出來，並且在餐廳推出，繼而帶動了莫斯科和聖彼得堡的餐廳競相模仿，激活了老菜風潮。在白兔餐廳當領頭羊帶領下，依循老菜譜脈絡去重新演繹的現代俄羅斯料理開始醞釀，如今已在莫斯科、聖彼得堡等大城市百花齊放，白兔餐廳居功至偉。白兔餐廳尚未出現之前，從來沒有一家俄羅斯餐廳能夠在國際上綻放光芒，所以 Vladimir Mukhin 被視為現代俄羅斯料理的領軍人物。

推廣俄羅斯菜的遠見

Vladmir Mukhin 是一個具有遠見的廚師，常對俄羅斯料理的前景感到憂慮，擔心傳統菜式無法完整保留、被時代洪流淘汰，並且難以跟國際接軌。但是，有錢才能使得鬼推磨——7 年前遇上了投資人 Boris Zarkov，對方也想打造一家能讓俄羅斯料理在世界上發光發熱的餐廳，兩人一拍即合。「希望白兔餐廳做到提升傳統的俄羅斯料理，將之進化，賦予現代語境。」這是兩人的共同理想與價值觀。在 Boris Zarkov 大力支持下，Vladimir Mukhin 發揮裕如，這 7 年間在前線衝鋒陷陣，同時不負所望，把白兔餐廳的知名度一次又一次地推向國際高峰。

兩個有抱負、有遠見又有能力的人，一個決策，改寫了一個形象

老土、垂垂老矣的菜系的命運。不過，這當中也有「時勢造英雄」的天意。Vladimir Mukhin 說，一開始的兩三年，沒有人太看得起本土料理，白兔餐廳是慘淡經營，即便打出法式俄菜的旗幟，仍無法得到青睞。直到 2014 年，美國和北大西洋公約組織對俄羅斯進行制裁，總統普京（Vladimir Putin）為了報復，禁止西方物資進口，境內成千上萬噸法國芝士、意大利橄欖油、歐洲蔬果等等亦在一夜間被銷毀。然而，危機，對一些人來說就是時機，白兔餐廳把握機會，大力推廣當地食材和料理，終於殺出一條血路，獲得國人支持、傳媒爭相報導，扭轉了乾坤，正式踏上康莊大道。

上圖：在莫斯科，跟 Vladimir Mukhin 一起逛菜市場，認識當地食材。

俄羅斯廚人幫盛會

此次有幸被邀請赴會，見證了「俄羅斯廚人幫」的團結及熱血：
整個菜單是 7 位大廚的 14 手聯彈，除了 Vladimir Mukhin 之外，
還有 6 位是來自莫斯科和聖彼得堡不同餐廳的知名大廚，一起共

上圖：「Gurievskaya Porridge」是一種傳統的俄羅斯吃食，用小麥、牛奶、乾果、果仁等
煮成，通常在早餐時吃。白兔餐廳將之融入主菜中，作為鱈魚、雅枝竹和柑橘的配搭。

襄盛舉，聲勢浩大。白兔餐廳本身位於一家購物中心的頂層，是一間拱形的玻璃屋，非常漂亮。這一晚，天際的星光、腳下的霓虹燈，都來襯映餐廳裡衣香鬢影的場面。好一個盛產超模的國度，這一晚來的客人，有不少是名模明星，每一個都大長腿、黃蜂腰；黃金的身材比例、瀑布似的長髮、精緻的臉孔和妝容，差點以為自己置身秀場。

晚宴未開始前當然是雞尾酒會，7 位大廚已在這暖場派對中大顯身手，不同的小吃源源不絕地登場，魚子醬和香檳排山倒海般傾至，美不勝收。作為主人家，Vladimir Mukhin 在這個環節以他的

上圖：這款櫻桃番茄是俄羅斯獨有的品種，吃起來如麝香葡萄，美味異常。

上圖：白兔餐廳的招牌菜之一：螯蝦、螯蝦濃湯、烤杏仁奶、海藻。

下圖：白兔餐廳的招牌菜：「Coco Lardo」，即是以鹽醃製過的椰子肉，配上傳統黑麥麵包，最後在面層舀上一大匙煙燻過的魚子醬一起吃。

招牌菜招待大家——「Coco Lardo」，即是以鹽醃製過的椰子肉，配上傳統黑麥麵包，最後在面層舀上一大匙煙燻過的魚子醬一起吃。鹽醃漬的新鮮椰子肉，逼出了椰油的香，也就是我們吃咖喱的時候會嗜到的一股椰漿的味道，配上魚子醬一起吃，有椰肉的甜度、椰油的香氣作調度，魚子醬的鹹香多了幾層起伏，餘韻甘美，又留有香料的氣息，風味殊勝得難以忘懷。

華麗璀璨的場面固然令人動容，不過，真正感動我的是主人家把幫他種菜的農夫也請來了，跟其他貴賓列席同座。一直在背後為你默默付出的人，在重要的日子，也受到肯定，得到一份重視——往往，在水晶燈下，他們都是被忽略的人。這種做人的胸懷和情操，相信也是白兔餐廳成功的一大關鍵！

理想的白兔與賺錢的同伴

在這個年代，一個成功廚師的背後，很需要無條件支持他的金主。當光環集中在 Vladimir Mukhin 身上，他的投資人 Boris Zarkov 亦不可忽視。白兔集團，從白兔餐廳開始建立威望，Boris Zarkov 直言：「這一家餐廳可以不賺錢，但它需要滿足其他目的。」與此同時，集團旗下有其他餐廳，可以養著這隻白兔的理想，這是這位老闆運籌帷幄的精明之處。

白兔以外，Selfie，在 2018 年初登「世界 50 最佳餐廳」榜單，排名 70，經精心打造後，國際知名度持續上升。Selfie 以美食劇院為概念，室內裝潢典雅時尚，但氣氛輕鬆。跟白兔一樣，這裡有可飽覽室外全景的大窗戶，格局開揚明亮。Vladimir Mukhin 是這裡的廚藝總監，主廚則是 Anatoly Kazakov，這裡的菜單環繞著俄羅斯 15 個地區的食材，主打摩登歐陸菜。來自庫爾斯

克（Kursk）的豬肉、摩爾曼斯克（Murmansk）的大比目魚、布良斯克（Bryansk）的小牛肉、特維爾（Tver）的蘆筍、克里米亞（Crimea）的松露……無一不刷新著食客對食材的認知。

Gorynich 則是一家氣氛輕鬆的家庭式餐廳，經營模式、概念引人入勝：以最優質的食材和態度，做輕鬆好吃、人人喜愛的 comfort food（令人療癒的食物）。白兔集團對於料理進化的魄力，以及遊刃有餘的能力，在 Gorynich，會令人眼界大開。可以這麼說吧，這是一家全面進化的「快餐店」：上乘的優質食材如有機蔬菜、嚴選農場和飼養方式，以及自家製乾式熟成（dry aged）的牛羊家禽、新鮮捕撈漁獲……

而且所有麵包都是自家製，連麵粉也自己做！歐洲人視為命根的酸種麵包，用的是養了 18 年的老酸種！Vladimir Mukhin 說，有一年，他無意中吃到一家修道院的酸種麵包，驚為天人，奈何那家修道院負責製作麵包的女士不願意分享任何秘訣和方法。不過，有了那次經驗，他得到啟發：這些古老的修道院都有一流的

左圖：Vladimir Mukhin（左）把他的農夫 Constantin 也邀請到白兔餐廳的 7 週年晚宴，當座上客。

上圖：白兔餐廳擁有絕佳景觀，黃昏時段的景致至為醉人。

下圖：白兔餐廳的實驗室有一支專屬團隊每天在這裡進行不同的實驗，譬如醬汁的做法。

老麵種，我應該往修道院著手才行！皇天不負有心人，他尋尋覓覓，吃到另一家修道院同樣帶來萬分驚喜的酸種麵包，這次他碰到大方的院士，不但傾囊相助，連養了 18 年的老麵種也分了一半給他，讓他拿回去繼續養⋯⋯

麵包爐是柴爐，烤製麵包的時候全程以人手控制火候，唉，傻的嗎？多不合時宜啊。做披薩，請來意大利披薩大師 Franco Pepe 指導，根據他的要求做符合標準、如太空船一般的披薩爐。做披薩的麵粉，也是根據大師的要求，自家做！還有所有意大利麵，廚師手做！醬料自製！

左圖：Selfie 以劇院為室內設計概念。

右圖：Gorynich 烤製麵包全程人手操作，18 年老麵種是 Vladimir Mukhin 踏破鐵鞋才在修道院「求來」的寶物。

菜單上的食物，說來很簡單，不就是沙律、湯、披薩、燒烤肉類及海鮮、意大利麵，烹調方式簡單，點餐後 10 至 15 分鐘便可以上菜。但不惜工本的頂尖食材、用心製作每一款菜式、食物優質美味、定價中上不算貴、服務周到有禮──這路線及經營手法取得成功。餐廳每天客量是 1,000 人左右，周末約 1,500 人。誰說不惜工本不會賺錢？這一家餐廳，大老闆 Boris Zarkov 將之定位為「一家有理想但必須賺錢的餐廳」，又給他們做到了。

白兔集團旗下還有時尚亞洲菜餐廳 Zodiac、酒館 Tehnikum、地下室酒吧 Korobok……均有獨特個性，每家都是莫斯科的打卡熱點，網紅必到。連鎖，不是白兔集團的方向；每個親生子女不止要表現優秀，還要有無可取代的鮮明特質、獨特的風格，精品式方針和經營，才是這隻形象純潔大白兔的勃勃野心，這也直接掀起了莫斯科的餐飲風雲，席捲全球。

思
維
空
前
的

革
命
性

蔬
食
料
理

Ivan
Berezutsky

Sergey
Berezutsky

2018 年 10 月，人生第一次到俄羅斯莫斯科。

於抵步的第二天，隨著一位導遊散步遊覽。

路經市中心一棟建築物，導遊隨手一指說：

「這是一棟綜合大廈，底層是超市，

樓上有辦公室、會所。」

我抬頭一看，看見天台有家玻璃屋，看起來很漂亮，

便問：「那是餐廳嗎？」

導遊說：「是啊，現在莫斯科很多餐廳都很時尚、

很有氣派。」並未多加解釋，想來他也不知道，

大廈頂樓的「玻璃屋」所在

極有可能是國際餐飲新潮流、新時代的搖籃。

也許世上真有緣分這回事，離開莫斯科的前一天，我來到了這家「玻璃屋」餐廳午餐。「世界 50 最佳餐廳」俄羅斯區評委主席介紹我來的，他說：「這是一家值得妳來吃吃看的新餐廳。」搭的士抵達，才發現，是你，我們已經見過了。

餐廳叫做 Twins Garden，於 2017 年 11 月正式營業，大廚兼老闆是一對雙胞胎兄弟，Ivan 和 Sergey Berezutsky。在拜訪他們的餐廳之前，上網做了些功課：意大利老牌權威美食美酒雜誌 *Gambero Rosso* 在 2018 年 3 月一篇有關他們的報導，以 "The twins who are turning Moscow into a food mecca"（把莫斯科變成美食朝聖地的雙胞胎）為題，心想：這是為了點擊率下的標題吧⋯⋯真沒想到，半年後，輪到我鐵齒地告訴周遭的吃貨朋友：Twins Garden 將會

十圖：Twins Garden 2018 年在「世界 50 最佳餐廳」初試啼聲，即排在 72 位，一年後再下一城，打入 50 名以內，登上第 19 位。

是在未來引領新一波飲食潮流的世界級餐廳，人們會為了吃一頓飯專程飛來莫斯科，一如今天的 Osteria Francescana、Noma、El Celler de Can Roca……

向高難度挑戰的兩兄弟

Twins Garden 在 2017 年年末才開業，旋即在 2018 年的「世界 50 最佳餐廳」初試啼聲，排名 72，超前好些新一代國際名店，如 Diverxo、Enigma、L'effervescence 等，實力不容小覷，彼時已頗有蓄勢待發之態。在 2019 年的榜單上，這對雙胞胎兄弟更是驚人地攀上了第 19 位，前進 53 名，成績令人大大地刮目相看。事實上，雙子並非餐飲業的初哥，早在 2014 年，他們已開了第一家餐廳，當時已叫做 Twins Garden，只是風格並不突出，就跟時興的現代歐陸料理餐廳無異。兩年後，因業主加租，兄弟倆決定另覓地點開業，暫時休業的時期，讓他們有機會重新思考未來的方向──是要重複既有的路軌，還是做自己真正想做的事？「我們兩個，一個熱愛科學，一個熱愛大自然，我們應該走一條結合這兩種特質的路。」哥哥 Ivan Berezutsky 對我這樣表示。那到底誰愛科學，誰愛大自然？「哈哈，這一點，讓我們保持神秘！」

所以，正確來說，2017 年 11 月在莫斯科市中心大道 Strastnoy Boulevard 上重新開業的 Twins Garden，是磨煉得更成熟的 2.0 版本，而並非平地一聲雷的異軍突起。早在餐廳開業之前，Ivan 和 Sergey Berezutsky 買下了位於莫斯科 150 公里外的近郊，卡盧加（Kaluga）地區的一座農場，面積是 50 公頃──這等於 50 個足球場！這裡種植了 150 種的蔬菜、水果、莓、香草；池塘養了魚，還有放養的雞牛羊──所飼養的山羊更是較為罕見的血統：奴比亞羊（Nubian goats）。因為是自家畜牧，他們得以用牛奶羊奶來自

上圖：雙胞胎花園位於莫斯科市郊卡盧加的農場，佔地 50 公頃，目前種了 150 種農作物，另外還飼養了牛羊雞鴨，也有池塘養魚。

下圖：農場內一共有 17 間溫室，確保冬天也有足夠的新鮮蔬果供應給餐廳。

製芝士，而且是非一般的芝士：兄弟倆喜歡向高難度挑戰，想出了薯仔芝士這樣的口味，並且克服了重重困難才研發成功。

開創革命的「廚師之桌」

如果純粹是「從農場到餐桌」這樣老生常談的概念，Twins Garden 的報導價值只囿於舊瓶新酒，寥寥數百字就可交待一切。雙子在餐廳裡另闢「廚師之桌」（Chef's table），一張蔬食菜單，以異常合理的價格，售賣石破天驚的前瞻性餐飲概念。

這張蔬食菜單概念的兩大重點：一、以一系列自家釀製的蔬菜酒作餐酒配對；二、首開先河大玩乾式熟成蔬菜入饌。

上圖：自家製的薯仔 mozzarella 芝士，自家種植的薯仔先攪拌成汁與牛奶混合，再拿去做芝士。

放眼全世界，做法都屬於首創。從來，能夠有足夠推動力去改變
世界的，都是原創性想法：分子料理廚藝、液氮雪糕、真空袋慢
煮……到底有多久了呢？沒有任何廚師帶來革命性的廚藝新概
念，直到我踏入 Ivan 和 Sergey Berezutsky 位於餐廳同一樓層的實
驗室，我開始意識到，世界廚藝史很有可能即將被他們立下一個
全新的里程碑！

上圖：這裡展示的就是當天蔬食菜單上所吃的所有蔬菜。

餐廳入口處有一張巨型海報，雙胞胎兄弟的臉部各半拼接成完整，很貼題。電梯「咻」一聲抵達了頂樓，步出電梯即見到玻璃窗外，那些金黃色秋葉隨風輕輕搖擺，蔚藍天空作佈景板，美得令人捨不得移開視線。我吃的是只在「廚師之桌」供應的蔬食菜單，有一個包廂，是特別給「廚師之桌」的客人。趟門拉開，合上，跟外面的世界間隔開來。這裡是兄弟倆對於菜式演繹的起跑點，是未來。他們已站在未來的街頭等你走過去相逢。

左圖：預訂「廚師之桌」的客人，都會獲得特別安排坐在這個房間，人數 2 位起，最多 8 位。

右圖：童心未泯的兩兄弟，赤子之心最為珍貴──當我說出他們菜式裡的一些特質、所能駕馭的前所未有效果時，他們感動得當場淚滿盈眶。

蔬食菜單有 12 道菜，配 8 款蔬菜酒——沒錯，不是葡萄酒，也不是時下大熱的果汁蔬菜汁配對，而是自家釀製的蔬菜酒。Ivan Berezutsky 解釋：「其實葡萄可以釀酒，蔬菜也可以啊，因為蔬菜同樣含有天然的糖分，經過發酵釀製，就可轉化成酒。不過，有些蔬菜的糖分含量不夠，而且味道較為單薄，我們會用另一種蔬菜去補足，譬如甘筍酒就會混入防風根（又叫歐防風，俗稱「芹菜蘿蔔」）來補充糖分和提味。我們覺得，蔬菜的味道變化比起肉類多得多，如果我們仍以傳統的葡萄酒配對思維去配蔬食菜單，其實無法好好發揮蔬菜的特點，而且也未必完全適合。所以，我們開始研發、釀製蔬菜酒，特別用來做這個菜單的酒食配對。」有實驗，就會有失敗，他們坦然以對：「坦白說，我們的紅菜頭酒還未釀製成功，暫時只能退而求其次做紅菜頭啤酒，用上層發酵的方式釀製，發酵時間較短、用平常溫度，酒味釋放的層次會比較多、香氣也比較濃郁。」

上圖：用來給蔬食菜單配對的自家釀製蔬菜酒，每一次每款的生產量僅限一桶。

左下圖：一瞥兄弟倆獨特味覺邏輯的甜點：海膽蜜糖橙雪芭。海膽配上蜜糖來吃，美味至極：甜度舒適，海膽給了另一層食味，鮮味緊隨甜味釋出，橙香清新，與海膽、蜜糖各有能夠迎合的特質，食味組織的密度一流。

右下圖：海膽蜜糖也是 Twins Garden 的招牌作，「鮮甜味」來到他們手中，有令人耳目一新又絲絲入扣的演繹。

千變萬化的乾式熟成蔬菜

自家釀製蔬菜酒，放諸全球，稱得上首開先河，然而，更精彩在後頭——用餐體驗裡包括參觀他們的實驗室，走入這個大約200餘呎的空間，白板上寫滿了字，乍看是一堆方程式，趨前一探究竟，原來是兄弟倆久經鑽研下，整理出兩大類關於濃縮蔬菜風味方法的心得：第一類是「脫水法」，那就是透過去除蔬菜中的水分去濃縮，包括乾燥法、冷凍乾燥法、分解液體法、乾式熟成法、發酵法、低壓烹調、太陽能烤箱、用鹽脫水；第二類則是「加水法」，即是增加水分去濃縮，包括浸泡發芽法、醃製、注射、煮沸、蒸煮、再水化、真空處理……每一項方法都經過千錘百煉的實驗，同時必須挑選合適的蔬菜去進行有關的處理。這一天，兄弟倆選擇其中一項最自豪的成果向我展示，那就是乾式熟成蔬菜。

乾式熟成，也就是人們耳熟能詳的 dry-aged，本來是一種加工處理肉類的方式，把肉類在特定的濕度和溫度下陳存一定日數，讓天然激素在風乾過程中被纖維分解，達到肉質鮮嫩、風味濃縮的效果。雙胞胎兄弟把這個理念轉化在蔬菜風味的濃縮上，取得不俗效果。比方說，dry-aged 番茄，其糖分、果酸、茄紅素等成分，在陳存不同日數後，會釋放不同的風味，而他們會用經過 dry-aged 處理的蔬菜混合新鮮蔬菜去做蔬菜高湯，以取得味道的層次感。

令人拍案叫絕的是，兄弟倆獨家發明的「蠟封」、「脂肪封」乾式熟成法，以蠟或者動物脂肪把有關蔬菜密封，再放進 dry-aged 櫃裡熟成。至於分成蠟封與脂肪密封的最大原因是，前者可用來給素食者做菜，設想周到。這樣先密封後 dry-aged 的處理方

式，絕非多此一舉——亞洲最佳女主廚陳嵐舒在群聊裡看了我的分享，以專業角度 3 秒內破解其訣竅：「蔬菜在生的狀態下被密封，裡頭的微生物還在活躍，而蔬菜本身也飽含水分，所以蔬菜的狀態會不停地改變。」換言之，這個方法不但能把蔬菜的潛能發揮到極致，還能猶如將蔬菜玩弄於股掌之中，操縱至變化無窮！陳嵐舒補充說：「如果是單獨呈現食材的話，發展到後來會有極限，譬如魚生，新鮮的食材陳化之後會有一種特殊的狀態，

上圖：乾式熟成番茄

其實很難多吃。蔬菜比起生魚片擁有更多空間，因為可以混合其他食材一起使用。」咦，怎麼可以如此一針見血？兄弟倆 dry-aged 梅子，亦會以海藻包裹之，以將海水味融入梅子中，增加風味——就跟日料中的昆布漬異曲同工。

這實在是無法不震撼的。雙胞胎兄弟創造和掌握的技術，能把蔬菜本身的極限完全打破，食材風味的變數、最後呈現，變成一種

上圖：獨家研發的密封蔬菜乾式熟成法，圖為蠟封（褐色）以及牛脂肪（白色）密封椰菜，再放進乾式熟成櫃裡進行熟成。

下圖：自家製的生蠔魚籽牛油，根本就是一個鮮味小炸彈。

上圖：乾式熟成椰菜做的蔬菜高湯，食味層次更迭鮮明，精彩無比。

下圖：培植菇菌的密封櫃內配置空氣噴霧，裡頭裝滿蟹高湯，噴出的是「蟹湯濕氣」，所培植出來的舞茸菇結合了菇鮮和海鮮味，像是新品種一樣。

堪比十維空間的遊戲，還有許多神秘的未知以及可能性陸續湧現！目前他們達成的小成果，已是前所未有的突破，未來，更是無法預期……

以上是理論，那出來的效果又是如何呢？這次拜訪，兄弟倆用來密封的蔬菜是椰菜，其中一道菜就是烤椰菜，配椰菜高湯，看似簡單──菜端上來之際，Ivan Berezutsky 交代，先要喝一口湯：這密封 dry-aged 魔法的神奇性，迫不及待地在舌尖上展現！我並非素食者，所以用來入饌的是以牛脂肪密封的椰菜──湯味的第一層是一股清醇的牛肉味，一如牛肉清湯的味道；第二層，強烈的旨味（umami）出現了，但很快地，湯味進入第三層，那就是蔬菜的清甜味。這湯味的層次更迭如此出色，想著他們將會創造更多可能，只能驚嘆。

創新源自突破的思想模式

2019 年 6 月，第二次拜訪 Twins Garden，看見他們在玩新的研發，玩得不亦樂乎：南瓜酒，以及在自家製的密封櫃裡培植菇菌，並在這密封櫃裡配置一個空氣噴霧，但噴出的不是普通濕氣，因為裡頭裝滿的不是水，而是以蟹殼熬製的高湯，噴出的當然是「蟹湯濕氣」──這樣一來，菇菌在生長過程就會吸收大量蟹味，吃起來便具有濃郁的自然鮮味！我當時一看真是笑傻了，這樣也讓你想到了，厲害！後來在菜單上吃到了以這款舞茸菇做的菜，果真，在菇類本有的土地 umami 上，多了一層海鮮的umami，素葷旨味融為一體，滋味美妙。

又有一道菜叫做「陽光與時間」：將甜椒放置在天台的太陽能烤箱裡烤熟，流出來的汁液做醬，為之「陽光」；自家農場羊奶在

上圖：「陽光與時間」，一道完全憑藉著自然的力量完成的菜，詩意得令人窒息，味道
亦輕巧、細緻、可口。

一開始就放入一個陶甕裡靜置成熟，到了烤好的甜椒端上來時，甕內的羊奶已凝結成芝士，為之「時間」；舀一匙「時間」於碗內作配菜，一道菜完全憑藉著自然的力量完成。兩兄弟說：「我們沒有烹調過這道菜，完全沒有，這道菜是大自然所煮。」

天馬行空從來不難，難的是合情合理的實踐——雙子將兩者都做到了。蔬食的未來在哪裡？來到他們手中，只會有無窮無盡的可塑性！

記得 3 年前在西班牙巴塞隆拿專訪分子料理教父 Ferran Adrià，問了他一個關鍵問題：「你現在想要栽培出色的廚師，還是廚藝科技人才？」他聞言笑起來，說：「我最終想做的事，其實並不是教育，更不是教你烹飪和分子料理的技術，而是一起探討無窮無盡的知識，從知識裡產生想法，再從想法裡傳達信息，進而探索新的烹飪領域。」我進一步追問：「那就是可以期待分子料理之後的革命性技術？」教父回答：「當然可以，分子料理的重點並不是技術，而是背後的思想模式，思想模式改變，就會有新的東西出現。」多少天過去，我一直期待那個「思想模式改變」、開拓新烹飪領域的人出現——直到這一天，遇見眼前的雙胞胎兄弟。Noma 在 2018 年底出版了一本書，叫做 *The Noma Guide to Fermentation*（Noma 的發酵聖經），套朋友說的，結集的就是他們的風味資料庫，分享北歐料理的風土情懷以及人文精神。Twins Garden 的乾式熟成蔬菜大全，也總有一天會降臨在世間，為新的美食時代，立下里程碑。

套一句別人講過的話，用來形容雙子太貼切：薑是老的辣，但世界是年輕人的！

STORY 14

把斯洛文尼亞帶到
國際飲食舞台

Ana
Roš

斯洛文尼亞這個原本名不見經傳的東歐小國，
因作為前任美國「第一夫人」梅拉尼亞的家鄉
而開始為人熟知，
而 2017 年「全球最佳女主廚」Ana Roš 的誕生，
更是讓全球饕客們驚覺
「不毛之地」也能做出讓美食家趨之若鶩的料理，
對這小國產生了探索的興趣。
Ana Roš 以美食，提升了這個東歐小國的國運。

斯洛文尼亞詩人薩拉蒙（Tomaž Šalamun）的短詩，是這麼形容他的祖國：「親愛的讀者／千萬別在／從威尼斯到維也納的火車上打盹／斯洛文尼亞小得／讓你極有可能／錯過」，幽默又到位地道出了這個國家的特質。看地理資料，這個國家西鄰意大利、北接奧地利、東北緊貼匈牙利，位處阿爾卑斯山、迪納拉山脈、多瑙河中游平原和地中海歐洲4大地理區的交界處，令境內地理形態多樣且天然資源豐富。它的美，是令人心醉無語的，像啞光質地的綠寶石，像包覆於花瓣中的嬌弱蕊芯，美得避世，但又吸引了你的目光。對一個面積 20,273 平方公里（約9個香港）但人口只有約 200 萬的小國來說，天然面貌的富庶，更是一種庇佑。

上圖：Ana Roš 的姐姐這麼形容她：「以前她唸書的時候打算走外交官的路，我們都說以她的個性，日後很有可能成為國家的女總理，現在她成了『全球最佳女主廚』……」

為愛放棄成為外交官的坦途

因為 Ana Roš，這位 2017 年「全球最佳女主廚」的關係，跑了斯洛文尼亞一趟。早在她因得獎而蜚聲國際之前，我在紅爆全球的超水準飲食節目《主廚的餐桌》(*Chef's Table*) 中便認識她，知道在一個東歐小國的鄉間，有一家這樣的餐廳：擔任主廚的 Ana Roš，家世良好，父親是醫生，母親是外交官之女兼記者。Ana Roš 本身精通 5 國語言，也是國家滑雪隊代表。餐廳、廚房與廚師這三件事，本來跟她的人生毫無關聯……她在大學修讀國際關係和外交，本打算正正經經地走上一條社會精英階層的路途，卻因為當時的男友（現已成為老公）Valter 繼承了父母的餐廳 Hiša Franko，她為了愛情毅然放棄外交工作的合約，留下來跟他一起經營餐廳。

Ana Roš 的廚藝無師自通，她笑說，還在當國家滑雪隊代表的時候，「連蛋都不會煎」。父母對於她的決定相當不滿，「當年的社會，廚師並非一項受尊重的職業，而我竟然放棄了知識型工作的前途，從事勞力和手藝型的工作，他們覺得臉上無光，很是失望。」Ana Roš 笑說，即使是今天她得到了國際肯定，母親仍希望她當外交官而非廚師。

勇敢走入廚房的初期，遭遇很多失敗，她坦言：「我所有的一切都是從零開始學習，包括管理廚房、建立餐廳的架構。」2002年，Hiša Franko 的廚師離職，找不到新廚師頂替，促使 Ana Roš 走入了廚房，「我這邊廂開始學習怎麼做菜，那邊廂發現我懷孕了。」因為大腹便便，Ana Roš 無法走遠甚至旅行，令她無法到其他地方去吃別的餐廳作參考，「其實也是件好事，沒有其他廚師的影響，我更容易建立自己的風格。」

上圖：自從被評選為 2017 年的「全球最佳女主廚」後，Ana Roš 便馬不停蹄地在世界
各地出席活動、辦四手餐會，發揚斯洛文尼亞的美食文化。圖中為她在日本東京的米
芝蓮一星餐廳 Il Ristorante Luca Fantin 和大廚 Luca Fantin（左）一起做四手餐會。

下圖：Ana Roš（左）於 2020 年 1 月來過香港，跟 TATE Dining Room 的劉韻棋（Vicky
Lau）一起做聯手餐會。

在廚房裡的失敗，Ana Roš 說多得數不清，「每一次失敗都想過放棄」，但想歸想，她還是咬緊牙關堅持下來，把作為運動員的堅韌全用在廚房裡。「我會持續性地要求、推動自己，設定小目標讓自己進步。」

融入各國料理特色和當地自然風味

「我一開始真的怎麼做也不滿意，非常苦惱。」但天資聰穎、毅力過人的她鍥而不捨地鑽研，慢慢取得突破。沒有廚藝履歷反而成為她最大的優勢，因為沒有教條的包袱與規範，更容易跳出框架思考，成就獨一無二的風格。她在自我磨煉廚藝期間，發現身處的 Soca Valley 有許多被低估的優質素材，她主動發掘、大膽運用，以此為基礎，設計餐廳的時令菜單。由於精通 5 國語言兼有外交家家庭背景，她對於鄰國意大利、匈牙利、奧地利、克羅地亞等地的料理特色、飲食文化能掌握得更深入，做菜時便自然地將不同元素融入到她的斯洛文尼亞菜式中，多元飽滿。

不計早餐的話，在 Ana Roš 的餐廳正式吃了兩頓。第一晚她特別為我們做了當地人從小吃到大的傳統菜式，因為她希望我們對她味蕾的根有基本了解，會更能看到她的菜式的基礎。另外特別安排了我們上山尋訪隱世芝士小農、進森林採集，可以進一步釐清她菜式的脈絡，細心得無以尚之，亦確實非常有助於理解她做菜的深度。而這種種認識，又直接充實了我的見識與視野的內涵。人與人之間就是這樣，生命影響生命。

第一晚吃當地傳統菜，第二晚則是吃她的 14 道菜菜單，配酒，高潮迭起，絕無冷場。整體來說，菜式風格獨特、富想像力，味道組成新穎，素材與醬汁之間往往有衝突點，但以第三，甚至第

四個味道／元素來梳理出平衡感，很大膽、很有趣、很好吃！我告訴朋友說：吃這樣的菜，比起吃那些沉悶的米芝蓮三星餐廳，實在有意思多了。菜單的配酒絕對是另一個題目，非常過癮，超越稱職，這當然跟斯洛文尼亞有絕少出口但絕世品質的葡萄酒有關。酒菜之間的對角線拉得廣闊立體，味道轉換婀娜多姿、意象精彩，少有的 wine pairing（餐酒搭配）經驗！餐廳服務也很親切，有種鄉下人的溫暖。

深入「全民皆採集」的國度

斯洛文尼亞有一半的國土被深山森林覆蓋著，三種氣候：地中

上圖：Ana Roš 和侍酒師先生 Valter，兩人一起走過人生中的許多高山低谷。

海、高山，以及平原氣候，非常有利於不同菇菌的生長。身在
Soca Valley 之際，Ana Roš 非常有心地安排了幫她的餐廳每天到森
林採集菇菌以及其他可食用素材的採集人 Miha，帶著我們深入
森林走一趟，也讓她的先生 Valter 開著四驅車載著我們一路顛簸
了整個小時，到山中拜訪以古法製造傳統芝士的農家。Ana Roš
不止是要我們認識她的餐廳，還希望我們看到她的國家有多美
麗，透過這些食材去陳述斯洛文尼亞的獨特魅力。

秋季，是斯洛文尼亞採菌的繁忙季節，在這個「全民皆採集」的

上圖：斯洛文尼亞山河秀麗，很有靈氣。

國度，這時候你可以看到山林裡人頭攢動，人人為時令靚菇傾倒。帶領我們入山的帥哥採集人 Miha 說，當地人會在這時候開玩笑說：「林子裡，人比菇還多！」可以想像這大自然的菇菌嘉年華有多熱鬧！斯洛文尼亞有正式成立的菇菌協會，每年都會舉辦相關聚會，好讓採集人、廚師、群眾可以在活動上交流、品嚐各種以菇菌入饌的菜式。另外還會舉辦一系列的展銷會，叫做「narava-zdravje」。

Pokljuka Plateau 高原是採集菇菌的熱門地點，此外，南部的 Dolenjska、克羅地亞邊界的 Notranjska、東北部的 Prekmurje，都有極為豐富的菇菌資源。連 Miha 也說，採集了多年，有時候還是會發現一些新品種，這也是他們最為興奮的時刻。

每年 3 月末，便是斯洛文尼亞菇菌季節的開始，採集人為了羊肚菌而瘋狂。Miha 表示，羊肚菌雖不至於罕見，但也並非唾手可得，所以每一次有收穫還是會很開心。到了寒冬結霜時，無可避免會殺死一些菇菌，譬如一切的口蘑類。「大部分在林子裡找到的菇菌都是能吃的，根據統計，目前斯洛文尼亞有毒的菇類只有 30 種，但在這 30 種當中，約有 30% 能致命。」所以，一般人入林採集，只會留意自己熟悉的品種，以免出錯。然而，這同時帶來了問題：「因為多數民眾的菇菌知識不夠廣泛，所以走在林裡的時候，難免踐踏了許許多多的菇類，破壞了大自然，實在可惜。」的確！這天跟他邊走邊採，發現自己也在無意中踩死了不少「菇菇」，罪過罪過。

從泥土裡連根拔起的牛肝菌，Miha 削下一片給我們嚐嚐，其味之濃香芳馥，比起之前在餐桌上吃過的，更為動人。即時送到餐廳的廚房，就是做沙律的好材料，簡單，但味道已是極致。

在 Miha 的引導下，發現並且認識了一種從未見過的「冰菇」（ice mushroom），外形雪白，呈剔透狀，有點像雪耳，但一整塊的質感卻如同啫喱，肉厚。一口咬下去，哇，膠質滿溢、味道清甜，很好吃呢！由於冰菇質感極易吸收汁液，可以想像是做沙律的絕佳素材，又或者作為火鍋食材，隨意涮一涮，就足夠好吃了。後來請教了 Ana Roš，她說是的，此冰菇不耐高溫、不經久煮，否

左圖：跟隨菇菌採集人 Miha 採集的這天收穫甚豐，在腐植土上生長的黑喇叭菌香氣誘人。這是無法人工栽種的菌種，所以十分珍貴。

右圖：在斯洛文尼亞的森林採集，發現當地獨有的菇種——冰菇。

則就會走味變形，所以用來做沙律生吃或者汆燙一下作佐菜就可以了，可以以醬汁來提升它的甜味。這冰菇絕對是此行令人大感興奮的新見聞，只是有點惆悵，不知何時有機會再吃到了。

像自己孩子一樣矜貴的芝士

隔天，我們入山尋訪仍以傳統手造芝士的小農夫婦。一路顛簸、一路蜿蜒，一個多小時後，真正地翻過了一整個山頭，來到一個與世隔絕得猶如「絕情谷」的深山，很有親臨武俠小說現場感覺。山裡疏落的農家，還是在遵循最傳統的方法去製作芝士：從飼養牛隻開始，所有牛兒都要自由放養。這點很關鍵，因為本性驅使，牠們會找最好的草來吃，所產的奶便是最美味，直接影響芝士的品質。試想想，要如何打理這些牲口？兩夫婦笑說：比起做芝士更忙。

現場試喝新鮮生乳，味道純淨，沒有一絲羶味。吃完午餐來一杯柴火咖啡，加入農家自煉奶油，質樸溫潤，山風冰涼下仍遍體生津。那一刻恬靜美好，感恩的心情油然而生。這裡的能量，如此溫樸動人。

說到斯洛文尼亞最廣為人知的芝士，就是一種叫做 Tolminc 的品種。這種圓形的硬芝士可以由生牛乳或加熱過的牛乳去製作，所有的素材、牛奶的處理、製作的技術，都必須在托爾明上游地區（Upper Posočje）進行，才能被稱為 Tolminc 芝士。熟成，是風味成型的關鍵，Tolminc 芝士需置放於室溫熟成，一般熟成兩個月到一年。如果在過程中把芝士搬進雪櫃裡，則會中斷了熟成的作用——溫度對任何食物來說至為關鍵，可以載舟，也可以覆舟。

上圖：山裡不同角落的農家，都是遵循古法製作芝士，已有千年歷史。

雖說 Tolminc 一般的熟成時間是兩個月至一年，但 Ana Roš 的餐
廳 Hiša Franko 就有一個專屬的芝士熟成室，裡頭有一塊熟成了 5
年的 Tolminc！她說，那等同是她的孩子一樣珍貴。5 年熟成的
Tolminc 已經晶化，呈淺啡色，而食味中散發一股咖啡的香氣，
是其他國家，如法國、意大利、英國所沒有的芝士類型。

熟成、儲存芝士從來不是簡單的學問，也無法一本通書看到老，
往往都是視乎環境來隨機應變，需要一份跟大自然相處的智慧。
以 Tolminc 這樣的硬芝士為例，它的「存亡」有兩大威脅：一就
是外殼會完全乾硬，二就是發霉。如果在沒有保護措施的情況下
把 Tolminc 放進雪櫃，水分就會被抽乾而乾涸；但如果在溫度較

左圖：這對夫妻做芝士已有 40 年，自己飼牛、擠奶，連牛油也是自己做。妻子說：
「所有牛隻都是自由放養，因為牠們會自己找最好的草來吃，所產的奶便是最美味的，
直接影響芝士的品質。」打理這些牲口，比起做芝士更忙碌呢！
右圖：芝士農夫手上拿著的就是斯洛文尼亞的傳統芝士 Tolminc。

高的環境下，又會引發芝士產生「倒汗水」。要把它置放於適當
的室溫下，這時表層雖會發霉，但這是正常現象，只要用暖水洗
去那層霉菌就好，裡頭的芝士會因為微生物的催化，味道更為豐
富。如此一來，大概就能明白，Tolminc 只能在「風涼水冷」的
地方生產，才能算是「名門正宗」，因為在特定的地區才具備恰
當的溫度呀！

斯洛文尼亞的三大芝士，除了 Tolminc，Nanoški 也是 100% 的牛
奶芝士，另外 Bovški 則是 100% 的羊奶芝士。Ana Roš 每年跟不
同的高山芝士小農購入大約 200 份芝士，然後自家進行熟成工
序。通常，芝士農夫都會在芝士做好的 2 個月、狀態穩定下來

上圖：Ana Roš（前排左）在她的餐廳酒窖裡弄了一桌，招待我與來自馬尼拉和杜拜的
美食作家 Cheryl（後排右）及 Zoe（後排左）吃一頓「家宴」。

後，才把芝士賣給她，而不是一做好就賣出去。不說可能沒想過，當你以為牛羊品種、奶的品質、製作過程的把關方面是成就優質芝士的關鍵，但事實上，牛羊吃草的草地，已是美味的源頭，所以，Ana Roš 挑芝士是以哪一座山頭有好的牧地養出好的牛羊、產出味道好的奶水，適合用來進行熟成為標準。

Ana Roš 與先生接手餐廳已經 17 年了，有誰想過，一家位於東歐小國深山幽谷中的餐廳，有能力走向世界，在國際舞台上發光發熱？這一切有 Ana Roš 的努力與付出，我相信也跟她的個性有關。有一天中午跟 Ana Roš 的姐姐碰面，聊天時她笑說：「以前她要走外交官的路，我們都說有一天她可能成為國家的女總理，而現在她成了『全球最佳女主廚』，也差不多！」說的是她的個性，總是備受看好，能有一番成就。性格決定命運，很多時候空有夢想與熱情還是不夠，也要看看自己個性的格局能做出怎樣的事情來。

第四章　CHAPTER FOUR

創出大中華區餐飲新局面的精英

Lan Shu Chen / Vicky Cheung / Danny Ip / Zhang Yong

4

台灣法式高級料理的拓荒者

陳嵐舒

Lan Shu
Chen

陳嵐舒是個話不多的人，
但她沉靜底下的力量，足以移山。
靜水流深，深不過陳嵐舒。
這種堅定、踏實的力量彷彿與生俱來，
2008 年，她在台中開了一家餐廳，叫做「樂沐」，
那是中國台灣（下簡稱台灣）第一家真正的
法式高級精緻料理，俗稱 fine dining。
即便在這個年代，台灣人普遍對於
fine dining 的理解都不會太深，
更何況是 12 年前的台中，甚至不是台北。

在 2020 年的今天，陳嵐舒不斷向前走，但回頭看的時候，她看見：「當時並沒有意識到我們是不是第一家真正的法式 fine dining。2008 年我開設樂沐的時候，是強烈地期望樂沐能成為台灣最好的法式餐廳，心中的標準都是以巴黎最高規格的法式料理來設定，沒有與其他餐廳比較的想法。現在回頭看，樂沐的確一直都超前市場許多，但台灣這個市場對於法式料理的認識不太成熟，是沒有辦法改變的事實，至今應該也沒有多少人能分清什麼樣的餐廳是 fine dining。」樂沐在 2018 年，踏入 10 周年的時候宣布結業。2020 年 10 月，小樂沐開張了，陳嵐舒說希望做一些比較輕鬆、自在又美味的小酒館菜式。整整 12 個年頭，孩子都養大一個，這位 2014 年「亞洲最佳女主廚」得主，輕舟已過萬重山。

上圖：陳嵐舒，2014 年的「亞洲最佳女主廚」。來到 2016 年，Relais & Châteaux 將「年度女性大獎」頒給她，她是歷年來第一位以廚師身份領獎的女性。

廚師的社會責任

好幾年前陳嵐舒告訴我，她吹長笛，鍾情巴哈的奏鳴曲。「現在不常吹，但一吹就好久，幾個小時。」陳嵐舒其實愛音樂，小時候參加合唱團，也因此戀上長笛，比起愛上做菜更早。跟她相處過的人可以察覺，她不愛說話，倒是常常哼起歌來。陳嵐舒說自己有著很孤僻的一面，喜歡獨處，安靜地做自己喜歡的事。咦，2020 年底紅遍中外的 Netflix 電視劇《后翼棄兵》（The Queen's Gambit）不是有這樣的金句嗎？「最強的人是那些不怕孤獨的人。」也許正正是擁有外表看不出來的強大力量，所以陳嵐舒可以打開台灣的 fine dining 時代，並且把台灣食材融入法餐裡，表述風土，引領台灣的西餐廚師投入發掘本土食材。在這個層面上，對陳嵐舒來說是個自然不過的發展，而啟發她的是意大利米芝蓮三星名廚 Norbert Niederkofler。

陳嵐舒在加入 Relais & Châteaux 聯盟（由世界頂級餐飲業者和酒店組成）以後，藉著這個平台跟其他國家的大廚有了更多深入交流和互動的機會，致使她發現發掘當地食材的重要，Norbert Niederkofler 所做的一切，深深感動了她。「他很早就開始只使用他們山區周邊所產的食材來做料理，也協助當地農民復育許多幾乎消失的蔬菜品種，這對我來說是很大的提醒，身為廚師，不是鎂光燈下的廚師，是有其社會責任的。」陳嵐舒說，她打從開餐廳的那天起，就一直使用台灣食材，但早期只是因為貪新鮮，並沒有任何使命感，而且時常嫌棄這個的香氣比起法國的淡，那個的味道不夠飽滿、質地粗糙……漸漸地才醒悟這就是風土。到後期，利用這些看似有缺陷的特點撞擊出令人意想不到的火花，反而成為她鍾愛的創作方式，讓台灣食材的獨特性真正顯露出價值，而不是只為了順應「在地化」的潮流，「也是我身為廚師的

責任」，陳嵐舒再次強調。我想，不管是樂沐或小樂沐，即便載體不同了，她所身體力行的，始終不變。

外公和母親的薰陶與影響

6歲以前，陳嵐舒在宜蘭，跟隨外公外婆一起生活。過年過節，

上圖：樂沐法式餐廳曾經是台中地標，乘搭計程車只需報上名字，司機就知道怎麼去。

所有舅舅阿姨回來團聚，鬧哄哄的，小嵐舒要幫忙打掃、準備食材、切水果，跟著大人忙不過來。「一家人一起吃飯的感覺，對我往後的生活影響最大。」家裡不拜神，吃是唯一的節日儀式，顯得格外重要。陳嵐舒說，喜歡吃，也是愛上吃的氛圍，人與人凝聚在一起的時刻，令食物有了昇華。「小時候，家境不好，日子過得蠻節儉的，但是外公對於吃還是會講究，譬如說，米要跟誰買啦、要怎麼煮、什麼菜就要怎麼做……特別在意這種事情。」外公是個「家裡快付不起電費，還要去買冰箱」的人，重視細節，喜歡營造居家生活情調。「外公在酒廠工作，我們住在宿舍裡，房子有兩個房間，後院有個大花園，後來外公還在那裡闢了一個小房舍做他的音響室，下班了就在裡頭聽音樂、看平劇（即京劇）……沉醉在自己的世界裡。」表哥表姐回家的時候，外公會在花園架起鞦韆，小朋友就玩作一團。「小時候我常覺得外公很嚴肅，後來才明白他對我有很深遠的影響，對於吃、對於生活質感的要求。」

7歲以後，陳嵐舒跟著母親到台北生活了幾年，媽媽得要來香港工作，陳嵐舒又搬到台中，跟舅舅一家人一起住，結下了她和台中的不解之緣。緣分有深淺，她跟父親屬於後者，父母很早離異，「最後一次見到他，是7歲吧？我還跟他鬧脾氣呢，叫他別來了。」沒想到這真的是最後一次見面，從宜蘭搬到台北之後父女漸漸失聯，過後便輾轉聽到他過世的消息。「他在台灣父親節過後兩天過世的，現在，每一年的忌日，我都會去看他。」

說起父親，陳嵐舒沒說自己當時有沒有哭，反而說到成長中的一個部分，自己是常哭的：單親家庭，母親會很擔心要是忽然不在了，女兒要怎麼辦？於是特別訓練她的獨立性，也會對她耳提面命，萬一發生了事，得要找誰、要做什麼……「聽了會很不安，

所以會哭。」幸好，現在能笑著去說這段，她的眼睛彎成了月牙。

母親撐起一個家，「她工作忙，我一直都要習慣照顧自己。」母親不擅廚事，教她做的菜都很簡單，如菜脯蛋，但女兒就是特別享受跟媽媽待在廚房的時間，那也是一種親密吧。「11歲開始，我就開始看食譜，做飯給她吃。」別人的媽媽，可能隨時就能做出滿漢全席，陳嵐舒的母親，卻只有一道日式炒麵，但足以填滿她的回憶：「高中溫習時，常常有她的炒麵作宵夜。」做法不外是加入高麗菜（椰菜）啦、黑豚香腸啦、日式醬油啦，這可是陳嵐舒此生最愛的味道。

母親對她的影響，還包括價值觀的塑造：「我第一次吃西餐，是十一二歲吧，在西華飯店裡頭，也是當時台北數一數二的西餐廳，我還記得點的是龍蝦湯！媽媽說，女孩子要開始去見識這層面的東西，以後才不會因為男人向妳展現這樣的一個世界就被沖昏腦袋騙走。」這可是「女兒要貴養」的先鋒啊！陳嵐舒一陣大笑。母愛，往往大於自己，陳嵐舒的廚師夢，正正來自這樣的成全：「媽媽捨不得我開餐廳很辛苦，但依然支持我，因為她要工作養家，沒實踐夢想的自由，她要我擁有這種權利。」母親喜歡文學和攝影，「如果她能選擇，可能會想要往這方面發展吧？」陳嵐舒很認真地想了想。

法式技藝與美式經營的衝擊

陳嵐舒的夢想雛形，是較浪漫的：「我只想開一家花店和咖啡館二合一的空間，咖啡館裡賣甜點。」負笈法國的廚藝專校，來到Hotel de Crillon 甜品部實習，卻被主廚 Jean-François Piège 做的法國菜震撼了心靈和視野，「他陳述一道菜的方式，做法精緻、鋪

陳完整，他的技法傳統，但創意變化無窮，菜品做出應有的華麗感，但不會老氣橫秋，很雄性也很藝術性，是一個代表人物。」陳嵐舒受到啟發以後便回不了頭，從此，她想當一位料理廚師，而不是甜點師。

畢業後，她到了美國名店 The French Laundry 實習，又是另一次衝擊：「主要是美式的餐飲管理方式，還有靈魂人物 Thomas Keller 的做菜風格，在那裡，菜單會每天變動，每一種食材會有不同變化、以不同形態出現，他對食材的操縱能力高強！」新的味道不是來自於新的食材，而是來自於食材與食材之間的撞擊，或者透過技法賦予新生命，凡此種種，對陳嵐舒有著魔力般的吸引。

12 年前，她的餐廳樂沐在台中開業初期，她便把美國那一套拿

上圖：高中時代跟家人到歐洲旅行，是陳嵐舒愛上法國的開始。

出來實踐，卻是處處碰壁：「在人事管理上，台灣人接受不了美式那種溝通方式，我講話對他們來說很強硬，很受傷；出品上，台灣的食材不夠好，我的團隊也沒那麼強大，無法做到那種對食材多樣性變化的精準把握。」有人受不了她的管理方式而離開，同時間她也在摸索著自己的方向。「真正的成長，是來自於開餐廳以後：在人事上，我學會了同理心；做菜方面，因為一開始總有一種不確定，做的是很傳統複雜的菜式，盡顯技巧，但自我並不彰顯，過後思考邏輯才比較清楚，通過經驗的累積，也逐漸把自己想做的捉得精準。」

陳嵐舒的鬼斧神工

現在陳嵐舒做的菜，融合台灣地道食材，跟當地人文有了結合，更特別著眼於味道層次承前啟後的突出，「因為這也是法式料理

上圖：在法國 4 年，每天的生活不是上課就是實習，忙碌十幾小時，放假就倒頭大睡。

上圖：陳嵐舒重視麵包素質，曾經非常瘋狂地為了能做出心目中的好麵包供應餐廳，而開了家麵包店。現在麵包店已經搬到小樂沐裡頭，跟餐廳二合為一。

下圖：陳嵐舒曾經在人事管理方面飽受挫折，「員工一來敲辦公室的門就怕，怕聽到他進來說不要做了。」汲取教訓自我調整後，她如今跟團隊相處融洽。

的特質，味道會有層次變化，而中菜的味道卻是一體的。」儘管如此，陳嵐舒的做菜思維仍有一條中國文化的根：「我很喜歡中菜那種圓融的一體感，很完整，所以無須強調配酒去提升。」這也驅使了她希望在菜式創作、味道鋪排的起承轉合上達到類似的完整效果。用交響樂來形容陳嵐舒的料理，一點也不為過：情感與理性的平衡，頓挫分明，完滿結束。

陳嵐舒的才華高度，絕對是我見過的廚師裡數一數二的，就像我告訴朋友的話：「纖巧技術、天才觸覺、豐富創意、個人風格」，就是陳嵐舒做的菜給我的強烈感覺。很久以前就寫過，她早期的作品：肥鵝肝配菜脯油，已跳出了傳統主流的「鵝肝配搭柑橘類醬汁」的框框，又能藉著菜脯的發酵風味平衡鵝肝的潤膩、撞擊其堅果味，比起一般以柑橘酸度來做搭配，效果不知高明多少倍。

她鬼斧神工同時出落得渾然天成之作，多不勝數，譬如：新鮮鴨肝、馬祖淡菜（藍貝）、芥菜、火腿片，淋上花生醬汁——陳嵐舒說：「小時候家裡煮芥菜，就一直聞到空氣中飄著花生的味道，所以我認為芥菜和花生的味道是很搭的。」聽到這裡不禁傻眼，這真是天才的洞悉力，才能不費吹灰之力就察覺到素材的特質。花生味的醬汁調得香口而輕盈，其味道一石二鳥，擊中鴨肝和芥菜中的堅果味，淡菜的海洋鮮味，跟整個組合互動起來，會釋放一種甜味，而在食味上帶來迎面一擊的明亮感。因為鴨肝、芥菜、花生、火腿都是比較低沉的味道，鴨肝的那股內臟甘美，又竟然可以跟芥菜的蔬菜甘香恍如隔世地相逢，火腿片的鹹香則是作了調味和提味作用。素材特質和味道之間的共鳴，在她手上被把玩得猶如跌宕起伏的音符，食味演繹環環相扣，一口接一口追著吃的時候，好像在口裡有個劇場在上演。

最近，陳嵐舒又把這花生醬汁玩了一次，用在一道台灣白蘆筍的菜式裡——有別於歐洲白蘆筍的飽滿甜美多汁，台灣白蘆筍甘中帶甜，餘韻有點澀，花生在這裡是用來當那股土地氣息的和音，當兩者配在一起的時候，我覺得口腔變成一片土地，裡頭長出了白蘆筍。

喜歡得不得了的，還有她的煙燻鴨肝配當歸頭煮過再炒的薯仔，

左圖：湯煮肥鵝肝配蕪菁和菜脯油是新菜式，把鵝肝做出了不一樣的味道，也展示了陳嵐舒找到了自己的路：台灣食材大膽巧妙融入，配搭心思有女性觸覺的清麗細緻。

右圖：樂沐的另一道經典是甜品：睡蓮，美得令人捨不得吃掉，吃的時候又忍不住讚嘆。

再配上白桃，淋上龍皇杏和甜杏仁做成的杏仁汁——有當歸味的薯仔，像是煙燻鴨肝的一組密碼，把味道的潛能推進得超越本身：當歸幽幽的藥材香、薯仔的甜味，跟鴨肝的香美甘馨交織互融，加上桃的甜美、杏仁的香氣，滋味層層展開，對比、反比、平行等食味連綿不斷地在味蕾上游走。用上當歸完全是神來之筆，在平實的架構上，添上搖曳多姿、馥郁熟艷的氣息。陳嵐舒說，她想到以當歸去煮薯仔，就是希望能有個妖艷的味道。我會將這些味道的概念和設計稱為「舒式」風格。每一道菜總有一個元素，是出其不意充滿驚喜但吃起來又合情合理的，你被刺激得追著吃、還想再吃，但搞不懂為什麼。

舉例的幾道菜,這些食味的設計、構想,都是獨一無二,沒有影子的成分。然而,要把創意執行得滴水不漏,得要有堅實的技術水平,否則只能做出眼高手低的作品。陳嵐舒到底是在巴黎廚藝名校 Ferrandi 以全級第一名的成績畢業的,加上開店以後擲地有聲的磨煉和累積,技術掌握之強,可謂身處武林一線高手之列。

其實,陳嵐舒最嚮往的生活,不過是「能夠常常做菜給自己所

上圖:法國餐瓷品牌 Legle 為陳嵐舒特別打造的食器系列,以黑白水墨為圖案,取名「無極」,寓意無窮無極限,萬事因為變化得以打破成規、生生不息。

愛的人吃；不必出來見人，躲在廚房一角，一整天專心研究做菜。」她說躲起來做自己喜歡的事，像不像她童年時眼中的外公形象？這也許是吃喝以外的另一種愛的連結。在那個空間的自我沉醉，是她最遠的流放，而別人都還不知道。

上圖：陳嵐舒的煙燻鵝肝配白桃、當歸味薯仔、杏仁汁，意念獨特、原創性強，高強技術把食材狀態處理得恰到好處，味道絲絲入扣。

STORY 16

中式法菜的倡導者和立派人

鄭 永 麒
Vicky
Cheung

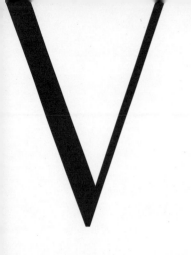

鄭永麒，也許大家更為熟悉他的英文名字
Vicky Cheng，是這家餐廳：
VEA 的主廚兼合夥人，今年只有 35 歲。
2016 年，VEA 早在開業不足一年便成功摘下了米芝蓮一星，
而他當時年僅 30，在餐飲界可說是「稚齡大廚」，
這番成績，可謂一聲平地雷，
成功擦亮了招牌。
先說說鄭永麒這個年輕大廚吧！
如果親身接觸過，都會對他心存好感。
謙厚、誠懇，而且對於意見持著開放接受的態度、
熱衷學習；對於做菜的想法表達流利，
但不會以花言巧語自我堆砌。

將傳統中式食材融入法菜烹飪中

有一次閒聊，鄭永麒說自己從小就嚮往「廚房」這個地方，Jamie Oliver 的烹飪節目是童年的精神糧食，而同儕都還在看卡通片。他說 8、9 歲就開始下廚，當時煮意粉已有一手。當一名廚師，是他從未動搖過的夢想。好幾年前他還未開創自己的餐廳，在另一家餐廳出任行政總廚一職，因為年紀輕而額外受到矚目，接受過好些訪問，其中一次他說的，令我留下深刻印象。記者問

上圖：VEA 的主廚鄭永麒

他，在不同星級餐廳的廚房實習過，跟那些知名大廚學到的是什麼？而他的回答，大意是只要虛心學習，在任何地方都能學到東西，他指自己在快餐店的廚房打工時，就學會了用巧克力來寫出漂亮的字。當時就覺得，這年輕人心態真穩健啊，不會迷失於名氣與光環中，相當難得。

然而，人品歸人品，態度好，只是成功了一半，做菜還是得看實力和才能，不會因為他人好就合理化一切——鄭永麒在國內外的擁躉甚多，菜做得到位是最主要因素了。VEA的菜品風格甚有代表性，很多中菜、香港元素被鄭永麒的法菜技術演繹得絲絲入扣，吃過莫不留下記憶點。事實正正是：鄭永麒是第一個正式提出「中式法菜」這概念的人，他先把中式經典乾貨食材：海參融入他的法式料理中，一鳴驚人，成功打響頭炮，再下一城挑戰花膠。投入了無數金錢、時間和心機，反覆鑽研後，再次取得成功，花膠竟然可以在法式餐桌上時尚亮麗又美味地登場。兩者皆大大打開了許多歐美美食記者、美食家的眼界，他們多數未接觸過這兩款食材，對他們來說既新奇又有故事性。

有一天，我和鄭永麒喝咖啡聊天，我鼓勵他研究乾鮑，並且用法式邏輯去烹製乾鮑，這將是首開先河，不但話題性十足、極具代表性，而且有了乾鮑，就能構成「海參、花膠、乾鮑」三部曲，能推進個人和餐廳品牌定位一把，甚至有助於奠定其江湖地位。還記得那時候鄭永麒默默地聽著，有時點頭，有時沉思，沒有太多表態。沒想到，過了兩天，他興奮地打電話來告訴我，已經買了中東、南非、日本……幾個產地的乾鮑，準備著手鑽研，行動力驚人。再後來的故事眾人皆知，他的法式吉品皇冠批橫空出世，「三部曲」的故事也讓他的公關團隊寫了出來……

「中式法菜」的奠基

我和鄭永麒的友情始於廚師和客人的關係：VEA 在 2015 年開
業，那時候知道他小有名氣，但是我光顧的意欲還是不大，覺得
又是另一位做現代法菜的年輕廚師吧。直到他的海參菜式被媒體
正式曝光，才察覺到這位「小鮮肉」大廚有著不一樣的思考和創
造力。海參菜式為餐廳帶來了更大的名氣，我和好友第一次去光
顧也得在一個月前預訂才有位子。那一年很瘋狂，平均一兩個月

上圖：法式乾鮑皇冠派（Abalone Pithivier），跨過了文化藩籬，將中式海味之王帶入了
新紀元。這道菜連鮑魚大王楊貫一吃過也讚好。

就去一次，欣賞鄭永麒的菜做得有特色之餘，也勇於走一條不一樣的路。在我眼中，他雖然未必是第一個把亞洲、中式元素融入西餐裡去做菜的廚師，卻是第一個真正正式提出「中式法菜」（Chinese X French）這個概念，並將之官方化的人（他已把 Chinese X French 註冊了專利），可謂開宗明義地開創了一個新的菜系，一如日本法菜大廚平松宏之（Hiroyuki Hiramatsu）在 20 年前對於日式法菜的開創，把法國菜帶入了全新的文化地域，並且已發展成飲食武林中備受認可的名門正派。人們吃日式法菜，不會以現代或傳統法菜的標準去要求，而是懂得用它自屬的標準去鑑賞，才算是一個獨立的門派。今時今日，鄭永麒做的也是同一件事。

鄭永麒來自香港，成長於加拿大，回港發展前曾在美國紐約不同名店待過，從他的出生、成長到後天學藝、浸淫學養等過程中不斷遷移的土壤，可以想像其眼界的擴展，以及開放思維的培養。今天他能成為於香港擁有本地特色法國菜的代表人物，這番格局的創造，源於其人生背景每一個環節的環環相扣，方能站在法菜這個舞台上，以融合個人飲食文化脈絡創出的招數去表演。為 Chinese X French 創派的靈感，他說在 VEA 正式開張之前，就已經想好了。「自己創業，我一早就想清楚，接下來的路線，必須把自己的廚藝跟香港的風土和文化有個結合，菜式擁有鮮明的本地特色，所以在餐廳開張的時候，Chinese X French 就已經註冊好了。」

漫長的研製過程

一個人的遠見，決定你人生每一步所做的決定：初期，鄭永麒已運用白果、腐竹、雞腳、鹹蛋等不會在法菜出現的港式素材去做菜，食客雖有新鮮感，但風格、形象尚未成型。「直到我研發海

參菜式成功，才取得了第一個突破。」鄭永麒說，海參是法菜裡不會出現的食材，用中式海味入饌是個大膽的嘗試，而他的大前提是：「我堅持必須學會傳統的烹製方法，才用我的法菜技術去改變它原有的做法。」所以，不管是海參、花膠，到後來的乾鮑魚，他都是從零開始學起：先學揀貨，然後是浸發、燜煮，每一個部分都千錘百煉。他的太太 Polly 是他的白老鼠，他研究乾鮑的那兩三個月，她平均每天都要吃上一兩隻。在外人眼中看來

上圖：VEA 如今在國際飲食界享有極佳口碑，在兩大飲食榜單亦成績不俗：於 2020 年「亞洲 50 最佳餐廳」排名第 12，在《米芝蓮指南》也連續 5 年蟬聯一星。

是口福，其實再好的東西吃多了都會心感抗拒，但導演一日未叫 cut 都要繼續演下去呀——作為鄭永麒的「最佳試吃員」都一樣，大廚老公一日未研製成功，她都要繼續吃下去。

鄭永麒練就了一身燜燉海味的傳統好廚功後，就進一步開發菜品，他的思路是：海參、花膠在中菜裡不是用來燜，就是煮湯，如果用在法菜，就不能重複這些烹調方式，才可能有新的可能、新面貌。他做得很成功：他的花膠，醬汁是有「巴斯克美食之光」稱號的 pil pil 醬——以魚高湯作基礎，加入大蒜和橄欖油去煮，滋味豐腴，蒜香蘊藉，汁感輕盈，淋在烤魚上就是令食味升

上圖：這道關東遼參釀帶子龍蝦慕絲伴螯蝦汁，至今演變出至少 5 個版本。

級的絕配。鄭永麒用來配花膠，甚有異曲同工的巧思，醬汁裡頭還有炸過的脆藜麥、魚子醬、韭菜末，花膠與魚湯的膠質交融，韭菜和大蒜暗中接應，魚子醬和脆藜麥給予多重口感，豐富但溫和，很有中菜那種一體的「和味」感。這一道花膠菜式，即便是外國人吃也非常喜歡，不會覺得不適應。

又譬如，將發製好的關東遼參表面烤脆，釀入帶子龍蝦蝦膠mousse（慕絲，他的是結合了中式點心打蝦餃餡和法菜做 mousse的技巧），伴以法國螯蝦熬的醬汁，還有南瓜與酸薑——這是其中一個版本。還有另一個版本是釀遼參下墊了陳村粉來吸飽螯蝦

上圖：這一道中材法做的牛油燴花膠配魚子醬、炸藜麥，以味道征服了一眾中外饕客。

上圖：鄭永麒對菜品的發想越來越成熟了，他的花膠新菜式：花膠配上煮過的薯仔、炸薯片和黑松露，味型上很法菜，同時具有中菜的熟悉感，中法融合得很自然，無縫接軌。

下圖：明亮得好像一個大太陽，又漂亮得像是一朵盛開的向日葵，誰會想到這其實是一道燴日本大根菜式呢？

汁，中西合璧的特質把坑得頗為成熟、有神采，味道亦佳。這種脈絡貫穿在他許多菜式中，把中式飲食元素拆解，再以西式技術創作和表達，在技術含量的層面不算是諱莫如深，但勝在有趣、有想法、有新意、有故事性、味道好又不難理解，所以很是討好，而且一舉兩得——對本地客人來說，會有一份共鳴；對外國客人來說，就趁機從菜式中了解香港甚至中式飲食特色，因為這些都是不會出現在法餐菜單的主菜，更不是西餐會採用的素材。

引領中式法菜風潮

當然鄭永麒是成功的。現在不少人，特別是在內地，打著中式法菜旗幟開的餐廳越來越多，海參在西餐餐桌開始變得普遍，而有人把他法式吉品皇冠派概念換成是用酥皮包著乾鮑去焗……諸如此類。問鄭永麒對此會否感到不快？「關於抄襲，剛開始肯定有點生氣，會覺得：『喂，有冇搞錯，使唔使抄得咁貼啊！』後來發現，市場上不管抄襲或被自己創作啟發的菜品都有了，便漸漸看開。因為這是你無法控制的事情，與其把精力花在關注這些，不如更努力更專注地把自己做好，不斷求進步、求突破。」

鄭永麒就是憑藉文化背景的優勢，去打破藩籬、萃取東西兩邊的特色，將之發展成帶有自己簽名式的風格。不久前有台灣媒體朋友去吃了 VEA 後，對菜式表示讚賞，也覺得這就是能代表香港的新一代創作料理，心裡頓感欣慰。香港的飲食業土壤，就好像石灰岩，種 Sauvignon Blanc（白蘇維翁、長相思，綠皮葡萄，用於釀製受歡迎又常見的白葡萄酒）最能快速賺錢，那就是大部分人在做的；但如果你選擇種「在酒味中說話」的 Pinot Noir（黑皮諾，是最難照顧的葡萄品種，最能反映風土和釀酒技術的結合），最後釀造的結果，會令人看到你的特質與光芒、令你走出一條真正屬於自己的路。

STORY 17

中菜的顛覆者

葉一南
Danny
Ip

國際名廚江振誠說過這麼一句話，說到我的心坎去：
「這麼多年來，我坐在『世界 50 大餐廳』頒獎典禮的台下，
放眼看四周，沒看過一個中菜代表。」
真是令人心有戚戚焉。
事實上，2004 年澳洲墨爾本萬壽宮、
2009 年英國倫敦的 Hakkasan 都曾經上榜，
曇花一現，接著已消失無蹤。
那些年，連 50 Best 的勢力和知名度都尚未
真正建立呢，哪有今天的盛大頒獎典禮？
不過，嚴格來說，萬壽宮一向在西方享有名氣，
而 Hakkasan 則是老外線條的中菜，
要獲得主要以歐美人士組成的評審團青睞輕而易舉。

「世界 50 最佳餐廳」這 10 年來聲勢越來越凌厲，影響力不停擴大，反而沒有中菜廳能打入 50 名內。相信我和江振誠所感疑惑的相當一致：近年縱觀大中華甚至整個亞洲地區，中菜廳的發展百花齊放，優秀的大廚也為數不少，難道他們不夠資格麼？

為什麼呢？世界性的重要菜系裡，日本菜在較早期有東京龍吟作代表，近兩年則是 Den 在榜上節節上升；泰國菜 Nahm 自 2012 年打入榜內一直排名不錯，只是 2019 年稍微退步，跌到 50 名外，排在第 69，但也總算風光過。不說重要菜系吧，看看較為冷門的案例——自 Noma 崛起以後，北歐菜已不能稱作冷門菜

上圖：我和大班樓創辦人之一、廚藝總監葉一南。

系，如今已全球遍地開花，更因 Noma 的帶動，發酵被大量融入西餐的烹調中。更冷門的菜系有秘魯菜、俄羅斯菜，都有了代表：利馬的 Central，以及莫斯科的 White Rabbit。

那麼中菜呢？為何中菜始終無法躍上這個國際飲食界頒獎典禮的舞台？連續好幾年參與這個「飲食界奧斯卡頒獎典禮」，我的感觸特別深。一次又一次，看著上榜大廚在台上的大合照，沒有中廚，心中的失落感揮之不去。

不止一次問過自己，心目中有哪一家中餐廳，應該登上這「世界 50 最佳餐廳」的榜單？名字有兩三家，其中一家，就是打從 10 年前就愛上的大班樓。不知不覺，大班樓屹立中環已 10 年了。它是香港飲食界的奇葩，一點也不為過：做粵菜，但破天荒地，廚房裡沒有一鍋被視為「粵菜靈魂」的上湯。那是因為他們認為，正正就是一鍋上湯，令所有菜式的味道跳不出框架：炒菜蒸魚下點上湯提鮮、勾芡用上湯……雖然熬得靚的上湯，對菜式味道的幫助很大，但難免千篇一律。「我們開大班樓，就是想走自己的路。」創辦人之一的葉一南這麼說。他同時兼任餐廳廚藝總監的角色，打開了一個啟發世人的中菜顛覆時代。大班樓的菜式，味道滿載粵菜神髓，然而，內涵裡的革新、前瞻性，不止是香港中餐廳的一股清流，更是先鋒。

堅持「傻氣」地做不一樣的中菜

我常笑說，大班樓只是一碗白粥，就足以令我神魂顛倒。6、7 年前我認識了餐廳創辦人之一、靈魂人物葉一南，他說：「我們是傻的，從一開業就請個漁民做買手，每天清晨到香港仔魚市場買貨；白果要廚房師傅一粒一粒去敲開、剝衣、剔芯，從來不

上圖：大班樓匿藏在中環九如坊一角，門面雅致。

用現成的，因為現成的沒有香氣；樹記未分家之前，那時候他們是不送貨的，開業頭3年，3年來夥計都是一早去排隊買頭輪腐竹，而腐皮用在我們菜式裡的比例其實很少……」他說什麼我都信，因為打從第一天光顧，我心裡就想：連一碗未必人人會點、看起來微不足道的白粥都能做出一吃難忘的超高水準，其他菜式會有不好吃的道理嗎？這家餐廳真是與別不同。後來在《飲食男女》讀到，原來那碗素淨又滋味無窮的白粥是這樣熬出來的：用三種不同產地的白米互補香氣、米氣和黏性，米和水的比例要對，以明火慢慢煲，中間不能加水，否則煮出來的粥會越吃越稀……當然少不了樹記頭輪腐竹與白粥「腐粥交融」的含情脈脈、由廚房師傅親自去殼剝衣的白果縷縷清香，還有陳皮那陣恍如隔世的暗香，在神不知鬼不覺中將層次感推進了一把……

葉一南說：「如果有一天，大班樓面向世界，有了代表性，最大的安慰就是，原來我們這些年在種種細節上所做的傻事，是有價值的；原來我們每天在廚房逐個白果去殼剝衣剔芯，看起來細眉細眼的功夫，是重要的；原來我們專程請個退休漁民阿十，以他的專業和交情去買貨，是對的。」

說到底，就是一開始的傻，傻對了。所堅持的那條「自己的路」，是對的。所謂自己的路，並不是為了市場營銷堆砌出來的包裝所講的故事，而是真真切切地，想要做出跟別人不一樣的中菜。「我們知道上湯是粵菜的靈魂，但同時發現，因為一煲上湯，所有菜式的味道都難免被同化……所以，大班樓第一個決定就是：不要用上湯做菜。」當他們聘請大廚的時候，想要找的，也是一個勇於接受挑戰的人——這個人，叫郭強東，一做就是10年。

葉一南說，當初相中強哥，是因為他的炒鑊功夫了得：「10 年前，他 30 歲不到，試菜的時候，請他炒一碟乾炒牛河。他從廚房端出來的那刻，我們坐在大廳已經聞到香氣。」試菜結果很滿意，決定請他的時候，就開門見山：「大班樓想走的路線不一樣，我們不會用上湯。」這位靚仔強哥第一個反應也是：「吓？冇上湯？邊有味？」慢慢向他解釋做法，他心存疑惑，但也覺得新鮮，想要嘗試。「初初的兩年，他都比較戰戰兢兢，有點綁手綁腳，現在已經放膽去做。」人與餐廳，一起成長。

上圖：大班樓總廚郭強東，當年入職時勇敢接受大班樓「沒有上湯」的要求去做菜，跟大班樓一起成長。

摒棄上湯　回歸真才實學

是啊，不用上湯，那如何構築味道？大班樓連蠔油都拒於門外！有講究的優質食材，也要有廚藝和適當的素材輔助，把優點發揮才行啊！葉一南在澳洲開過中餐廳、日本料理⋯⋯另一位拍檔天哥在人生的全盛時期，也開過 2、30 家酒樓。他們對經營食肆在行，也有很多經年月沉澱而來的想法，一一在大班樓實踐。

葉一南說，菜要做得好吃，調味當然是關鍵。為了調出屬於自家風格的味道，這些工序都自己來，煉油是其中一項。自家煉的油有 8 至 10 種，包括：雞油、豬油、蔥油、薑油、蟹油、蝦油、辣油、香茅油等等，為了新菜式凍鹵水花椒小吊桶，還煉了魷魚油！「小吊桶用魷魚油處理過，魷魚香味更佳，但又不會過濃。」此外還有各種熬製的肉類海鮮類原汁，用在烹調過程中，譬如牛肉汁、雞汁、蜆汁、魚汁⋯⋯怎麼用？「以經典招牌菜雞油花雕蒸花蟹為例，這道菜雖不是我們發明的，但我們在原有的味型上加以改良，做出自己的風格。那就是在蒸花蟹的水裡，加入以昆布和大蜆所熬煮的出汁，就能在無形中增加花蟹的鮮味！」最後還會下雞油、打散的雞蛋，讓這汁液變得醇和馨香，足以解釋為何大班樓能做出別人沒有的層次感。神來之筆是加入陳村粉去吸飽滿載精華的蟹汁！這兩年，大班樓有一道較新的菜式很受歡迎，那就是剁椒大魚頭──乍聽之下沒特別啊，但入口就知龍與鳳。這道菜也充分展現了中菜「複合烹調複合味」的精妙。

剁椒的味道介於溫柔與奔放之間、香酸甜辣為味道架構，承前啟後，吃進嘴裡含暗勁的同時滴溜油潤，龍躉魚頭更不用說了、膠質豐盈、入口膏腴香軟，兩者互配的滋味美味絕倫，沒吃過如此非凡的剁椒魚頭！葉一南解釋：「那剁椒是我

上圖：雞油花雕蒸花蟹配陳村粉，鮮不可言。開業 10 年，紅足 10 年。

下圖：凍鹵水花椒小吊桶，以自家製的魷魚油去浸吊桶，讓鮮味更突出。

們自己發酵的,在發酵過程中,發現時間長短對於釋放的味道都不一樣。譬如說,發酵一個禮拜,甜味釋放,兩個禮拜,酸味會跑出來……」他們想要的剁椒是不會過於刺激的,酸度恰好、辣度舒適、帶甜味,能襯托魚頭的鮮甜,所以在剁椒的發酵上鑽研了一陣子,找到自己想要的味道,才推出這道菜。很多餐廳都是買現成製品,所以做出來的味道幾乎千篇一律,只有大班樓這一道會帶來感動。「這道菜必須預定,因為我們一定要用膠質最重的龍躉魚頭。但有時候要是當天沒有魚頭,也出不了菜。」

上圖:剁椒魚頭。剁椒自家發酵,魚頭堅持只用膠質豐盈的龍躉魚頭,再加上自家醃製的鹹肉去蒸,做出只此一家的絕佳滋味來。

葉一南說，以「雞油花雕蒸花蟹」為例，這並非大班樓發明的菜，但改良過把味道的優點發揮得更好，是大班樓一直以來的方向。「再舉一個例子吧，我們的話梅糖醋排骨，想法來自傳統薑醋，用那個概念去煮排骨。但後來發現醋味的深度不夠，就開始加香草、薑一起去煮醋，多了許多豐富的味道。粵菜的味道很多時候都是很平坦的，起伏的層次不夠，我們會在味道的架構上作調整，增加元素，但必須注意份量、比例。這些元素是隱性的，讓人覺得味道變不同了、變好了，但說不出來有

上圖：大班樓的炭火第一刀叉燒，是 2020 年新推出的菜品，有口皆碑。

什麼不同。」

遲來的榜上有名

感謝大班樓的叛逆、勇於挑戰傳統框架，讓我們可以吃到不一樣
的中菜：將細節細緻化、在味道結構上著手重組，是大班樓菜式
所走的風格，同時必須穩守粵菜的味型，吸收別的菜系的長處去
改進，又要沒有外國味的痕跡。而他們對於食材素質的堅持是永
不妥協的：大班樓在上水有個小農場，在那裡生曬臘肉、作醃
漬，也種些瓜菜，希望能做到自給自足；大班樓的海鮮永遠是精
選等級，只因為高薪聘請退休漁民阿十作買手，每天清晨到鴨脷
洲魚市場買貨，憑著他的眼光以及跟魚販的交情，長期買得最好
最罕見的貨色。

如今的大班樓，被外界定位為「新派中菜」，出眾的菜品風格和
味道，打開了一個窗口，讓食客嚐到粵菜的新境界。美國三藩市
米芝蓮三星名店 Benu 的大廚 Corey Lee 說，大班樓是他從未嚐過
的粵菜，味道結構跟其他粵菜很不一樣。英國殿堂級名廚，肥鴨
餐廳（The Fat Duck）的 Heston Blumenthal 則在吃了大班樓改良過
的「江南百花雞」後，驚嘆於粵菜技術的精細與繁複。這粵菜革
新的 10 年之路走到今天，恰好跟國際飲食趨勢所強調的：食材
優先、回歸自然無縫接軌，成為有前瞻性的創舉。不得不佩服始
創者之一，葉一南的眼光和魄力。在因撥亂反正而另闢蹊徑的粵
菜新格局裡，讓人看到粵菜除了老生常談的傳承傳統以外，還有
一個能朝著未來走去的方向。

2019 年 6 月 25 日，在新加坡濱海灣金沙酒店舉辦的第 17 屆「世
界 50 最佳餐廳」頒獎典禮，終於真正迎來一家眾望所歸的中餐

廳上榜,那就是來自香港的大班樓。排名逆序公布,喊到大班樓的名字,情緒翻滾,感動得想哭。「作為中菜這麼重要的菜系,我覺得是來遲了,雖然我不知道原因。但我真的感到很安慰。」葉一南素來情感深藏,這一刻卻是真情流露,掩不住興奮、激動、感慨……種種交集的感受。

那你覺得大班樓的自我,有為香港中菜帶來衝擊嗎?「香港有很多值得讓我們學習的前輩,這是事實。如果我們有幸能提供另一個角度去看中菜,就已經很滿足了。」請記住這歷史性的一天,有一家不賣鮑參翅肚、靠品味高級得起、做法自我又無損中菜味型的中餐廳,打入了這飲食界奧斯卡的榜單,排名 41。它叫做大班樓,來自香港。

上圖:2019 年「世界 50 最佳餐廳」頒獎典禮現場。排名公布時,葉一南不禁和太太激動相擁。

STORY 18

新一代中菜教父

張勇
Zhang
Yong

張勇說了一個愛情故事。

「岩蒜是海葵的一種，

附生在海邊的礁石上。

牠有個特點，

儘管難免會被海水沖來沖去，

但要是牠被沖到一個地方，

選中了一塊礁石，

就不會離開，

一直固生在那裡。」

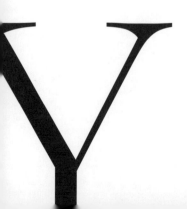

「當時我們有個廚師，他的姑姑住在大陳島（浙江台州），就帶
著我們去找她。姑姑和老伴開著船，接送我們到小島去挖岩蒜。
那天，我們在他們家吃午飯——他們的家，怎麼說呢？小小的
房子，前面是廚房，後面是臥室，就沒了。真沒想到，在這個年
代，還有人過得如此清貧。他們每天的生活就是出海打魚，然後
拿去賣掉掙點錢。在回程的船上，我問姑姑，是怎樣來到大陳
島的？原來她 20 歲的時候被家裡安排了婚事，她不喜歡那個男
的，就從家裡跑了出來，來到大陳島，遇到這位漁民，喜歡上
了，就留下來，結婚生子，一晃眼過了 30 多年。」

「可以想像嗎？他們現在的生活尚且如此清貧，以前更艱苦！我問
姑姑，妳是怎麼能夠待下來的呢？但姑姑一句話也沒說。我看他

上圖：張勇在中國被視為新一代餐飲界傳奇，其實，除了非凡的經營能力，他對朋友
的情義在圈內亦有口皆碑。

俩的狀態，並不像現代人的愛情故事那樣卿卿我我。夫妻俩開船送我們回去的時候，像我沒那麼浪漫的人，看著他們，都被打動了。」

「原來啊，世上真有愛情這回事，好像岩蒜，遇上了牠的礁石，就不走了。」說這個故事的張勇，語調是淡淡然的，跟這個故事一樣，沒有轟轟烈烈的起伏。

金庸筆下男女主角那股「問世間情為何物」的蕩氣迴腸普遍被世人嚮往，張勇卻被卑微人物鹹魚青菜過日子的愛情故事打動了。也許，看他被怎樣的人與事感動，更能窺得在他的大老闆氣場下，本質裡所蘊藏的敏感和內斂。

以台州菜突圍摘星的新榮記

「粵菜南天王」麥廣帆形容張勇：做事比男人大膽，比女人細膩。

2019 年 12 月，從巴黎飛到北京，待了一個禮拜，及時感受了當時《北京米芝蓮指南》首度推出並為京城餐飲界注入的新氣息。吃吃喝喝，「飯友」都是內地餐飲界的風流人物，從幾百家到幾十家的連鎖企業老闆們，又或是精品私房菜的主理人、餐飲界知名公關，話題都離不開米芝蓮。在這個時間點到訪北京，我當然得到新源南路的新榮記打卡沾沾喜氣。這是北京米芝蓮榜單上唯一被頒獲最高殊榮三星的餐廳，也是中國第一家摘得三星的中菜餐廳。同時，北京還有 2 家新榮記摘了一星。一個城市，同一個品牌同時獲頒 5 顆星，是米芝蓮歷史上首見。本來，全球的 5 家三星中餐廳：2 家在香港、2 家在澳門、一家在台北，全是粵菜餐廳，新榮記卻主打台州菜，換句話說，它亦是首家榮獲三星的非粵菜中菜館。好幾項紀錄一下子統統被刷新了，新榮記是怎麼

做到的呢？

張勇在微信朋友圈所公開發表的三星感言是這麼寫的：「受之若驚，受之有愧。烏鴉一直夢想成為鳳凰，但當有一天牠忽然披上了鳳凰的羽毛，又變得不知所措了。雖然烏鴉永遠是烏鴉，但鳳凰的夢永遠不能少。感恩，珍惜，永遠。」短短幾句，言簡意賅，身段柔軟，同時展現了一定的思想和文化水平。這就是張勇，談吐風生、處世不卑不亢，而且人格正派。現在做中菜的，特別是在中國內地，莫不以張勇馬首是瞻，新榮記推出的菜品、室內裝潢、品牌路線、採用的食器……統統成為參考甚至抄襲對象，他儼然是新一代的中菜教父。

張勇的好朋友麥廣帆佩服張勇的魄力，更欽佩於他做事時的要求和執著：「每一家店都是精雕細琢的作品，裝修、菜品都是改了又改、調整了再調整，要是不達標，往往可以拖個一年半載才開業。」我笑說，藝術家吹毛求疵的個性並不罕見，難得的是張勇能結合藝術家的偏執、能屈能伸的彈性和商業頭腦。此話一出，麥廣帆也深深認同，張勇沒有那些「江湖老大」唯我獨尊的習氣，面對他人的建設性意見，他往往從善如流，對於問題或缺點改善得很快，不會被無謂的自尊心所耽誤。

無心插柳地讓大牌檔成為大品牌

張勇來自台州，是新榮記的創辦人、老闆，兼廚藝總監 —— 新榮記菜品的開發、標準化系統若不是有這位人物領軍，不會達致今日的成就。新榮記有一道菜，叫做岩蒜炒年糕，岩蒜在烹調過程會釋出奶油狀的汁液，香氣獨特且帶鮮，如高級法菜的醬汁，但食味更自然些，年糕或麵條沾上後，口感滑溜溜，風味獨特、

上圖：奉送餐前時令水果的做法由新榮記首開先河。有一次法菜教父 Alain Ducasse 到香港新榮記吃飯，剛好吃到當季的士多啤梨，對這個做法大表讚賞，回到巴黎後也在他的米芝蓮三星餐廳仿效，給客人送上餐前水果。

下圖：張勇認為溫度是中菜食味的神髓，必須講究，所以多道菜品，尤其是湯品都設有桌邊服務，以確保菜式溫度達標。

十分可口。岩蒜炒年糕、沙蒜（另一種海葵）燒豆麵這些菜式，都是地道的台州家常菜，張勇常掛在嘴邊：「都是土菜。」

張勇愛吃魚，只要是好魚都愛，而對於吃好魚來說，其實最重要的是視乎季節，而不是品種。譬如冬至前後要吃帶魚，9 到 12 月則要吃黃魚，也不一定要吃東北的，「12 月份，濟州島的黃魚也很好。」說的當然是野生貨色，也是新榮記登陸香港以後，惹來是非的「禍首」——有說某位客人訂了黃魚，當天店家說來貨比較大條，價錢相對需提高，因此惹來「坐地起價」之嫌。事實上，野生黃魚在全中國都貴，一公斤動輒 7、8,000 元人民幣，在高級食府吃一條大黃魚隨時上萬元，不獨獨是新榮記。黃魚經過 1970 年代的過度捕撈，這 40 年來產量銳減，形成物以稀為貴的天價局面。

儘管新榮記和黃魚之間已是一個等號，然而，品牌的發跡跟黃魚無關，而是一道廣東江湖菜：椒鹽水蛇。1995 年，新榮記在台州始創，那時張勇純粹為了跟朋友有地方吃飯聚會，就開了家大牌檔。但因為自己愛吃，所以出品講究，很快就打響了知名度。至於椒鹽水蛇：「我在中山吃過，很喜歡，就想做這道菜。蛇肉在台州用來煲湯，不會用來做菜，一開始推出時大家都不接受，我就一桌桌地送給客人試吃，客人吃了以後開始懂得欣賞，就這樣成了招牌菜。」這道椒鹽水蛇同時教會張勇：開餐廳，一定要有幾道具代表性、人人懂得必點的招牌菜，「我常告訴員工，如果人家來你的餐廳不知道應該點什麼，那就是失敗。」

當時首開先河的還有置魚缸養海鮮，讓客人自行挑選。不惜工本的擇善固執，打從第一天開始就有，即便那時候張勇對餐飲行業並沒有任何理想和目標：「我以前做過許多生意，失敗的比起成

功的多，譬如我做過瓷磚生意，也在西藏做過礦山，礦業公司還在，不過是半倒閉的狀態。」張勇的辦公室門口擺了一大塊礦石當裝飾品：「我是用來提醒自己，你以為這是金子嗎？它其實只是石頭。」他還涉獵過澳門賭業，「你說得出來又不犯法的行業，我應該都做過，失敗的經驗數也數不清。」可只有無心插柳的飲食業，讓他一路乘風破浪前進，找到人生可以安身立命的落腳點。「我也認命了，我就是個炒菜的命啊！」

可以炒出新榮記這樣奇跡式的品牌，誰也樂意認命——若不是新榮記，誰知道台州這個地方？誰知道台州菜？浙江省台州市是一個僅有 600 萬人口的城市，在內地，這人口數字算是滄海一

左圖：新榮記以野生黃魚打出名堂，之所以賣得貴，是因為野生捕撈的黃魚數量越來越少。

右圖：每一家新榮記都有海鮮檔口，展示是日海產，客人可以自行挑選，再由餐廳建議做法。

粟。品牌在台州起家以後,接著登陸杭州,然後一路攻入北京、上海這兩大餐飲業「兵家必爭之地」。在上海也有 2 家新榮記登上當地米芝蓮榜單,一家二星、一家一星,在國際上嶄露頭角。2018 年初,新榮記進駐香港灣仔,張勇曾經形容在香港開店是

上圖:這是蜜汁紅薯,「以做乾鮑的精神去做紅薯,就是一種文化。」2017 年「亞洲最佳女主廚」周思薇這麼說。

下圖:這道湯品叫「酸菜煮望潮」——因為新榮記,香港人學會八爪魚有個浪漫的別稱,叫做望潮。

「在刀口上舐血」,畢竟香港早在幾十年前已國際化,高端餐飲多元化,食客的品味和見識成熟,市場有一定程度的挑戰性。張勇常表示謙虛:「我是來學習的。」

把農家菜高檔化

打開新榮記的菜單,不至於道道如黃魚般高不可攀,但是平民食材菜式亦不是等閒價位:蜜汁紅薯 128 元人民幣、鹽滷豆腐 238 元人民幣⋯⋯連張勇也笑言自己把紅薯、豆腐賣成「天下第一貴」,言語間一份老神在在。農家菜是張勇的情懷:「年輕的時候,常到一個叫做白水洋鎮的地方去玩,那裡有許多農家菜、河鮮,好像現在我們賣的豆腐、蘿蔔乾,我很愛吃,開餐廳就自然把這些味道搬到枱面上來。」

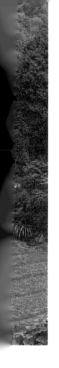

左圖：新榮記位於台州的農場處於高山上，群山圍繞，靈氣渺渺。

上圖：農場一隅有飼養雞鴨的池塘，鴨子至少養 5 年才會拿去宰了做菜，這樣最上乘的食材只給新榮記提供。

下圖：新生代大廚（左起）：鄭永麒（香港 VEA）、Miles Pundsack-Poe（深圳 Ensue）、周思薇（香港 Little Bao）一起來到新榮記農場參觀取經。

新榮記是第一個把農家菜高檔化的品牌——粵菜文化裡素有粗菜精做的經典，新榮記則是「家菜精做」，大器上桌：紅薯來自台州臨海高山，叫做紅心地瓜，口感軟糯，煮起來容易入味，是新榮記自家有機農場種植，但供不應求時也會跟別的小農採購。供不應求的主要原因是：不是每一個紅薯都會採用，要嚴格挑選1斤2至1斤8兩之間、兩角呈菱形的品種。烹調時紅薯還要再削成欖形，以求美觀，然後用紅糖燉煮，再澆上蜜糖。至於鹽滷豆腐呢，全是自家中央廚房由家中3代都是做豆腐的匠人製作。以自家磨豆漿、傳統鹽滷凝固，小火燉煮至豆腐裡外佈滿氣孔，帶一股柴火焦香，再用老雞加龍骨熬製的上湯去煮，佐以最頂級大蝦乾、安徽鹹肉、筍乾，還有指甲片般大小的西藏野生亞東木耳——這矜貴，一斤要6,000元人民幣左右。

一旦對食材講究，成本都是花在人家看不見的地方：新榮記在台州除了有自家有機農場以外，還有自己的漁船；需要外求的食材，對供應商販永遠不議價並且現結，所以，好貨色都是讓新榮記選了，才讓別人去選。最平常不過的食材也一絲不苟，如餐前奉客水果之一的蜜柑，來自一個叫湧泉的地方，從當地的蜜柑比賽中發掘到一家農戶種的蜜柑品質特別好，皮薄、果肉清甜無渣，採摘時也懂得挑出大小均勻的揀手貨，便把他們的柑園包下，成為新榮記的蜜柑種植基地。台州特產捶麵，全是手工製，一家家去試吃，吃到一家李姓婦人所做的最好：麵細如髮、柔滑如絲，吊起來風乾的時候，遠處看去，如絲簾，如絹紗，從此只向她訂貨。

貴亦有道　以誠相待

2017年「亞洲最佳女主廚」周思薇說，新榮記用做乾鮑的精神

和要求去做紅薯、做豆腐，就是一種文化。文化的另一面，自有生意人的精明，現實和理想才能並行不相悖：「肯花錢來吃萬元一條黃魚的人，會跟你計較一兩百塊的紅薯和豆腐嗎？當然不會。」要是太老實，就不會有這種定價的果敢。張勇打從開辦第一家大牌檔就發現飲食生意可以這樣玩：「當時我因為用料用得精，所以賣得比別人貴，但捨得花錢來吃的人還是不少。」某些食客根本不在意價錢，只要你做得好吃，這成了日後新榮記發展路線的舵輪：「可以賣得貴，但不可以騙人」。

張勇自詡做生意必須「貴亦有道」，每一家新榮記都供奉著關二哥，要全員上下奉行「誠信」這信條。員工都服他，很多人服務年資在 15 年以上，因為「老闆對我們像家人一樣」。張勇每年定期帶廚師和管理層出國考察，讓他們多見世面。11 月通常帶

左圖：新榮記的湧泉蜜柑種植基地。

右圖：台州特產手工捶麵，張勇一家家試吃，吃到這李姓婦人做的最好，所以新榮記只向她訂貨。

上圖：台州新榮記旗艦店，由負責安縵度假村系列的已故設計大師 Jaya Ibrahim 親手打造。

左下圖：新榮記的傳統鹽滷豆腐是許多客人喜愛的家常菜，餐廳聘請了家族 3 代都做豆腐的匠人專職負責。

右下圖：農夫把一個個可以收成的紅薯翻出來，只有符合標準的才會送去餐廳，其他的就拿去做飼料。

團隊去意大利阿爾巴（Alba）掘白松露，又轉機去別的城市吃吃喝喝。在新榮記服務了近 20 年的經理周海華說：「歐洲很多米芝蓮二三星餐廳，老闆都帶我們去吃過。」

到過新榮記用餐的客人，莫不讚嘆室內裝潢那股大方、雅致的貴氣——燈光佈局一流，集中在桌面上，打下的光線角度又好，把菜餚照得輪廓分明，額外惹人食慾之餘，室內亮度足而不刺眼，更沒有直射在客人身上令人越坐越熱。位於杭州西溪濕地公園內的新榮記分店，十足大戶人家的庭院，一律採用落地窗，視野開揚。中日融合的設計風格，溫暖精緻。位於幾棟建築物中央的枯山水庭院，添上禪靜美景。而台州靈湖的旗艦店，由國際知名、負責安縵度假村系列（Aman Resorts）的已故室內設計大師 Jaya Ibrahim 打造。

張勇對於裝潢、設計的細節要求極高，很多時候會把想法說出來，交給對方執行。這種品味是從小就有的嗎？「當然不是，是隨著經歷而來的。倒是從來都會響往美好的事物，譬如年輕的時候，沒錢也要跟朋友借錢來買名牌，可以說是貪慕虛榮，但確實喜歡名牌的美和質感。」旗艦店分兩棟建築物，一棟是餐廳，另一棟是張勇的「私人會所」，裡頭包含他的辦公室、茶室、酒窖、圖書館、室內泳池等，還有博物館，收藏了許多古董食器和炊具，不同朝代的都有。「因為喜歡吃嘛，對食器也特別有興趣，所以看到就買一點。」那，這些收藏品的價值大約是多少呢？

「都不是什麼值錢的東西，就不說了吧。」對於愛情故事可以感性地娓娓道來，來到有機會自我吹噓的節骨眼，張勇又不說了。

改變世界的味道
十八篇與當代廚界先行者的訪談錄

謝嫣薇　著

責任編輯
趙寅
書籍設計
姚國豪

出版
三聯書店（香港）有限公司
香港北角英皇道 499 號北角工業大廈 20 樓
Joint Publishing (H.K.) Co., Ltd.
20/F., North Point Industrial Building,
499 King's Road, North Point, Hong Kong
香港發行
香港聯合書刊物流有限公司
香港新界荃灣德士古道 220-248 號 16 樓
印刷
美雅印刷製本有限公司
香港九龍觀塘榮業街 6 號 4 樓 A 室
版次
2021 年 2 月香港第一版第一次印刷
規格
特 16 開（150mm x 218 mm）264 面
國際書號
ISBN 978-962-04-4775-4

三聯書店
http://jointpublishing.com

JPBooks.Plus
http://jpbooks.plus

作　者　Sophie Bean

責任編輯　李斌

書籍設計　姚國豪

書　名　給忙碌族的減壓瑜伽

出　版　三聯書店（香港）有限公司
　　　　香港北角英皇道四九九號北角工業大廈二十樓
　　　　Joint Publishing (H.K.) Co., Ltd.
　　　　20/F., North Point Industrial Building,
　　　　499 King's Road, North Point, Hong Kong

香港發行　香港聯合書刊物流有限公司
　　　　香港新界大埔汀麗路三十六號三字樓

印　刷　美雅印刷製本有限公司
　　　　香港九龍觀塘榮業街六號四樓Ａ室

版　次　二〇一七年七月香港第一版第一次印刷

規　格　大三十二開（148mm × 210mm）二三二面

國際書號　ISBN 978-962-04-4115-8

© 2017 Joint Publishing (H.K.) Co., Ltd.

Published & Printed in Hong Kong

三聯書店
http://jointpublishing.com

JPBooks.Plus
http://jpbooks.plus